知ってるつもりで実は知らない？

パソコン・ネットの
秘密
（ヒミツ）

はじめに

　パソコンやインターネットが世に普及し始めて、はや数十年。
　もはや特別な知識を身に着けることなく、テクノロジーの恩恵にあずかれる時代となりました。

　その結果、あまり気にしなくても問題ないが、意外と知らないことが多く生まれました。

　「SDカードはいろいろなグレードがあり、値段も違うが、具体的に何が違うのだろう？」
　「ネット回線のスピードテストは、いったいどうやって計っているのだろう？」
　「ネジにはたくさんの種類があるけど、どういう用途があるのだろう？」

　…など、本書では、PCや周辺機器、ネットに関する仕組みを紹介します。
　なんとなく知っているつもりでも、意外と知らない知識があるかもしれません。

知ってるつもりで実は知らない？
パソコン・ネットの秘密

CONTENTS

第1章

今更聞けない
パソコン周りの秘密

ここでは「ディスプレイ」や「マザーボード」など、パソコン関係の規格や秘密について解説します。

1-1　ディスプレイの指標の謎

■勝田　有一朗

　ディスプレイのスペック表に記されているさまざまな指標の中で、ちょっと分かりにくいものを中心に解説します。

■色の表現力を示す「色域」

　「sRGBカバー率100%」や「Adobe RGBカバー率100%」といった謳い文句を見かけたことがあると思います。これらはディスプレイの色域スペックを表したもので、ディスプレイで表示できる色の範囲を示しています。

　基準の色域としてよく用いられるのが、次の3つ。

・sRGB
　PCにおける色域の国際規格。多くのイメージングデバイスがsRGBを基準にする。

・Adobe RGB
　印刷物で表現できる色域までカバーするためにAdobeが提唱している色域。

・DCI-P3
　デジタルシネマ向けにアメリカの映画製作業界団体が定めた色域。

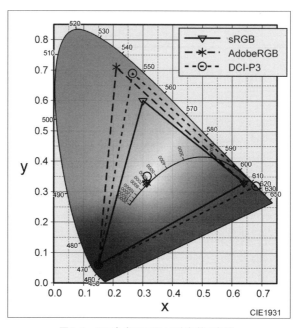

図1-1　CIE色度図における各規格の色域。

　ディスプレイを選択する際には「sRGBカバー率100%」を目安にします。

　「sRGBカバー率」が足りないディスプレイの場合、明らかに発色が良くないと感じてしまうでしょう。

　一方、「Adobe RGB」や「DCI-P3」については、印刷や映像制作分野で用いるのでなければ気にする必要はありません。

■画面の精細度を表わす「ppi」

　「ppi」は「Pixels Per Inch」の略称で、画面内の1インチ1辺あたりのピクセル数を示す指標です。

　「ppi」は「画面横解像度（ピクセル）÷画面横サイズ（インチ）」で求められ、「ppi」が大きいほど「画素密度が高い＝より高精細」ということを意味します。

　特に肉眼で画面を見たときに「ドット感を感じるか」の目安になり、その目安

については概ね次の通り。

・100ppi

実用上ドット感は気にならない。「24インチ・1,920×1,080ドット」で「約92ppi」

・150ppi

肉眼では殆どドット感がわからない滑らかな表示。「28インチ・3,840×2,160ドット」で「約157ppi」

・300ppi

印刷物と変わらない滑らかな表示。「7インチ・1,920×1,080ドット」で「約315ppi」

パソコン用ディスプレイは概ね「100〜150ppi」、スマホ画面で「300ppi」以上が一般的な目安となります。

■現実的な応答速度「GTG」

液晶ディスプレイはその原理上、ピクセルの色(明るさ)を変化させるのに一定の時間を要します。

これを「応答速度」と言い、単位は「ms」(ミリ秒)。数値が低いほど高性能になります。

応答速度が遅い(数値が大きい)と映像の動きにピクセルの色変化が付いていけず、前フレームの映像が半透明状態の残像となって視認性を悪化させてしまうのです。

なお、ただ単に「応答速度」と言う場合はピクセルの明るさが「黒→白」または「白→黒」と全振りで変化したときの時間を示す指標ですが、実際の映像でこのような極端な変化はほぼないため、現実的な指標とは言い難いです。

そこで用いられるのが「GTG」(Gray To Gray)です。

「GTG」は「中間色→中間色」の変化にかかる時間を示す指標で、実使用に則した値が示されています。

「GTG」の大まかな目安は次の通り。

・10ms以上

クリエイター向けなど画質重視のディスプレイは「GTG」が大きめ。

・5ms前後

動きを重視するゲーミングディスプレイは一桁msが基本。

・1ms以下

高性能なゲーミングディスプレイを求めるなら1ms以下の製品を

■詳細な測定方法が定められた応答速度「MPRT」

応答速度を示す指標として、もうひとつ「MPRT」(Moving Picture Response Time：動画応答時間)があります。

こちらも単位は「ms」で「MPRT 1ms」などと記されます。

「MPRT」は画面を撮影して残像感を割り出すなど測定方法が厳密に定められているのが特徴です(GTGはメーカー毎に測定基準がバラバラ)。

また、「黒挿入」(断続的にバックライトを消灯して残像感を低減する機能)など、ディスプレイがもつ、さまざまな残像低減機能も含めた状態で測定するので、より実践的なデータが示されていると言えるでしょう。

残像低減機能を併用するので「MPRT」の方が「GTG」よりも良い数値で出ることが多いですが、ディスプレイによっては「黒挿入」をオンにすると可変リフレッシュレートが使えないなど、「MPRT」のスペックを出そうとするとデメリットが生じるケースもあるので注意が必要です。

■ディスプレイのモーションブラーを評価する「ClearMR」

「ClearMR」は、2022年8月にVESAより発表した新しい評価指標で、液晶や有機ELなどさまざまな方式のディスプレイのモーションブラー（ぼやけ）を全7段階で評価します。

テスト時には残像低減機能などは制限され、あくまでパネル自体の性能が見

られるようです。テストパターン表示の様子をハイスピードカメラで撮影するなどの方法で試験が行われます。

製品テストの結果により「ClearMR 3000/4000/5000/6000/7000/8000/9000」の7段階の認証が与えられ、数値が大きいほど高画質でぼやけが少ないことを示しています。

まだまだ新しい指標なので、これから「ClearMR」認証製品も続々増えていくことでしょう。

■動きのボケ感にも影響する「リフレッシュレート」

リフレッシュレートは1秒間の画面更新回数を示し、単位は「Hz」（ヘルツ）で数値が大きいほど高性能なディスプレイと言えます。

リフレッシュレートが高いと滑らかな動きと高い視認性が得られるためゲームプレイなどに適しており、高リフレッシュレート対応ディスプレイはゲーミングディスプレイとも呼ばれます。

高リフレッシュレートには次のようなメリットが挙げられます。

①遅延を抑える

リフレッシュレート「60Hz」の場合、画面は「約16msに1回」更新されます。

ということは、ゲーム内の操作が反映されるのは最低でも「約16ms後」になります。

この間隔が大きいと遅延があるように感じ、リフレッシュレート「240Hz」であれば更新間隔は「約4ms」で、遅延感もかなり抑えられます。

②ホールドボケを抑える

液晶ディスプレイはピクセルが常時光り続ける「ホールド型表示」であるため、人間の目の特性から動く映像には残像が生じてしまいます。

これを「ホールドボケ」と呼び、応答速度「1ms以下」の高性能液晶ディスプレイであっても避けられない現象です。

　ホールドボケに有効なのが高リフレッシュレート化。

　画面の更新頻度が上がることで映像の1コマ1コマの動きの幅が小さくなるため残像のボケ足が小さくなるという理屈です。

　これで画面上を高速移動する物体の視認性などが格段に向上します。

　なお、ゲームでディスプレイの高リフレッシュレートを活かすには、パソコン側のスペックもそれなりに高いものが必要になる点も要注意。

　リフレッシュレートの目安は次の通り。

・60〜75Hz

　一般的なディスプレイのリフレッシュレート。

・90〜120Hz

　滑らかなスクロールを体感できる。スマホ向けにも増えている。

・144〜165Hz

　ゲーミングディスプレイの入門的な性能。

・240Hz以上

　ハイエンドゲーマー向けのゲーミングディスプレイ。

■可変リフレッシュレート技術

　本来ディスプレイの画面更新間隔は一定のリズム（リフレッシュレート）で刻まれているのですが、パソコン側の性能によってはゲーム画面の出力がリズムに合わなくなることがあります。

　このとき「ティアリング」や「スタッタリング」といった描画不具合が発生します。

　これを避けるため、パソコン側の出力リズムに合わせてディスプレイの画面更新間隔を変更することを「可変リフレッシュレート」と呼びます。

　主な可変リフレッシュレート技術を表にまとめています。

主な可変リフレッシュレート技術

ディスプレイ側 可変リフレッシュレート技術	特徴	NVIDIA製 ビデオカード	AMD製 ビデオカード	上位技術
NVIDIA G-SYNC	ディスプレイ側に専用チップを搭載しているため高性能だが高価	◎	×	G-SYNC Ultimate (HDR対応)
NVIDIA G-SYNC Compatible	AMD FreeSyncと高い互換性	◎	△	
AMD FreeSync	専用チップ不要のため安価に対応できるが機能面でG-SYNCに劣る部分も	△ G-Sync Compatible で動作可能	◎	AMD FreeSync Premium (高fps対応&低fps補償) AMD FreeSync Premium Pro (HDR対応)
HDMI VRR	HDMI2.1で規格化された可変フレームレート技術	△ HDMI 2.1 対応製品のみ	△ HDMI 2.1 対応製品のみ	

　完璧なゲーミング環境を求めるならばNVIDIAビデオカードと「G-SYNC」の組み合わせが最良ですが、「AMD FreeSync」対応ディスプレイであれば安価かつさまざまな環境に対応します。

1-2　　　　　　マザーボードの見方

■勝田　有一朗

　マザーボードのモデルごとの違いを把握できるようになりましょう。

■マザーボード選びで気を付けたいポイント

　マザーボードは、パソコンに無くてはならないPCパーツで「パソコンの土台」と表現されることもあります。

　CPUやビデオカードといったPCパーツを連携させてパソコンとして成り立たせるのがマザーボードの仕事です。

　パソコンをパワーアップするためにストレージやメモリーを増設したり、もっと性能が欲しいときはビデオカードやCPUの交換まで行うことはよくありますが、マザーボードの交換までくるともはやパワーアップというより新しいパソコンにするといった気分になります。

　このような感じでマザーボードはパソコンの重要パーツでありながら滅多に交換しないパーツのため、いざマザーボードを選ぼうとすると色々と迷ってしまうことも少なくなさそうです。

　ここでは、そんなマザーボード選びで気を付けたいポイントをいくつか紹介していきます。

図1-2　今回チェックを入れるマザーボードの各ポイント

■間違えてはいけない最重要ポイント

マザーボードはモデルによって機能や拡張性にさまざまな違いがありますが、選択を間違えると組み付け自体ができなかったり、まったく動かない事態に陥ってしまう、"間違えてはいけない最重要ポイント"があります。

マザーボード選択時に絶対気を付けたいポイントは次の3つです。

■最重要①　マザーボードの大きさ

マザーボードをPCケースにネジ止めしたり、PCケースと干渉せずに正しく取り付けられるのは、各所の大きさや位置などがしっかりと規格化されているからです。このような構造の規格を「フォームファクタ」と呼びます。

現在主に使用されているフォームファクタは次の3つ。

・ATX　縦305mm×横244mm

基準となる大きさ。フルタワーPCやミドルタワーPC向け。

・Micro-ATX　縦244mm×横244mm

ATXの縦サイズを縮小して、ほぼ正方形のサイズに。小型のミニタワーPC向け。

・Mini-ITX　縦170mm×横170mm

台湾VIAテクノロジーが開発したフォームファクタで、ATXとは異なる系譜の規格。より小型のミニPC向け。

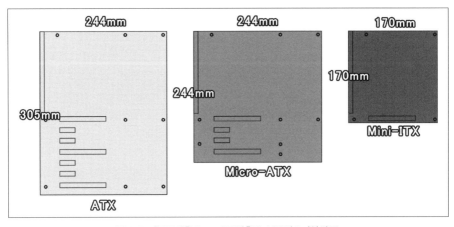

図1-3　「ATX」「Micro-ATX」「Mini-ITX」の寸法略図

PCケースとマザーボードのフォームファクタが適合しなければ組み付けできないため、大きさは間違えないようにしましょう。

ただ、PCケースは基本的に"大は小を兼ねる"ので、大きいPCケースに小さいマザーボードの組み付けは問題ありません。

■最重要② 対応CPU

次の間違ってはいけないポイントは対応CPUです。

マザーボードはモデルごとに対応するCPUが決められています。

まず「CPUソケット」の規格が合わなければ物理的に取り付けさえできません。

またCPUソケットが適合してもチップセットやBIOSでサポートされていなければこれもまた動作しません。CPUソケットから対応CPUを大まかに判断し、最終的にはマザーボード製品のWebサイトなどで仕様を確認すると良いでしょう。

現行のCPUソケットと対応CPUの関係は次の通り。

- ・LGA 1700　　Intel 第12世代/第13世代 Core プロセッサ
- ・Socket AM4　AMD Ryzen 1000/2000/3000/4000/5000シリーズ
- ・Socket AM5　AMD Ryzen 7000シリーズ

■最重要③ 対応メモリ規格

現行パソコンで用いられているメモリ規格は「DDR4 SDRAM」と「DDR5 SDRAM」です。

現在は「DDR4」から「DDR5」への過渡期なので両規格共に現行製品として販売されているため、マザーボードとメモリの対応をしっかり確認する必要があります。

間違えた組み合わせでは組み付けることさえできません。

Intel、AMDそれぞれのプラットフォームでのメモリ規格対応は次のようになります。

- ・Intel系マザーボード

マザーボードのモデルによって「DDR4」「DDR5」のいずれかに対応します。似たようなスペックと名称で「DDR4」「DDR5」の異なるモデルがラインナップされていることもあるので、かなり注意が必要です。

- ・AMD系マザーボード

「Socket AM4」のマザーボードは「DDR4」、「Socket AM5」のマザーボードは「DDR5」に対応します。

■マザーボードのスペック差を読み取ろう

　基本的にパソコンの性能はCPUとGPUでほとんど決まり、CPUとGPUが同じであればマザーボードを変えても性能差は誤差範囲に収まることが多いです。

　それなのに各マザーボードメーカーからはさまざまなモデルがラインナップされ、価格もピンキリです。

　それらのモデルにどのような違いがあるのか、スペックの差を読み取れるようになりましょう。

●大方のグレードを決定付けるチップセット

　チップセットはマザーボード上で一番重要なパーツです。各社マザーボードの製品名には必ずチップセット名が含まれており、どのチップセットを搭載しているモデルなのかが一目で分かります。

　Intel、AMDともに"ハイエンド〜エントリー"まで、いくつかのチップセットがラインナップされており、2023年5月の時点では、ハイエンドから順にIntelは「Z790/H770/B760」、AMDは「Socket AM5」向けが「X670E/X670/B650E/B650」「Socket AM4」向けが「X570/B550/A520」が現行チップセットのラインナップです。

　これらのチップセットの選択によってマザーボードのグレード（価格帯）も大方決まります。

図1-4　「ROG STRIX Z790-A GAMING WIFI D4」（ASUS）

ASUSの人気マザーボード「ROG STRIX シリーズ」。「Z790」が名前に含まれる。

図1-5 「ROG STRIX B760-F GAMING WIFI」(ASUS)
同じく「ROG STRIX シリーズ」。チップセットが下位の「B760」だと分かる。

例として「Intel 700 シリーズ チップセット」の仕様を表にまとめてみましょう。

「Intel 700 シリーズ チップセット」仕様表

	Z790	H770	B760
CPUオーバークロック	○	-	-
メモリーオーバークロック	○	○	○
DMI	DMI4.0x8	DMI4.0x8	DMI4.0x4
CPUからのPCI Express 5.0	x16または x8+x8	x16または x8+x8	x16
CPUからのPCI Express 4.0	x4	x4	x4
PCI Express 4.0レーン数	20	16	10
PCI Experss 3.0レーン数	8	8	4
SATAポート数	8	8	4
USB 3.2 Gen2x2 (20Gbps)	5	2	2
USB 3.2 Gen2(10Gbps)	10	4	4
USB3.2 Gen1	10	8	6
USB2.0	14	14	12
RAID 0,1,5	○	○	-

　仕様表によると、オーバークロック対応といった特殊機能の差もありますが、いちばんの大きな違いは「拡張性」です。

特にチップセットのもつ「PCI Expressレーン数」はマザーボード上の「M.2
スロット」や「PCI Expressスロット」の数や組み合わせを左右します。

たとえば、「Z790」と「B760」の典型的な「M.2スロット」と「PCI Expressスロッ
ト」の構成は図のようになります。

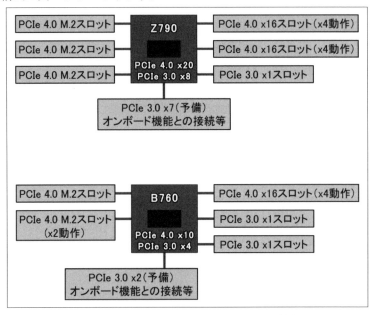

図1-6　「Z790」と「B760」の拡張スロット構成例
実際のマザーボード上には、この他にCPU直結の
「PCI Express 5.0 x16」と「PCIe 4.0 M.2スロット」が1基ずつある。

パッと見で「Z790」の方が拡張性が高く、「B760」はスロット数的にも各スロッ
トの転送速度的にも「Z790」より明らかに見劣ります。

これが上位チップセットたる所以で、「M.2 NVMe SSD」を沢山搭載したい
といったプランがあるならチップセットは「Z790」一択となります。

ただ、実際のスロット構成はマザーボードのモデルごとに異なり、同じチッ
プセットでもスロットの搭載パターンは色々です。
マザーボードの仕様はしっかり確認するようにしましょう。

●ハイエンドCPUを載せる場合は「VRM」にも注目

　昨今のマザーボードで重要視されてきているのが「VRM」(Voltage Regulator Module) です。「VRM」はCPUへ供給する電力の電圧を変換する回路のことです。

　特に、消費電力の大きいハイエンドCPUを載せると「VRM」への負荷が高まり、場合によってはCPUの性能を出し切る前に「VRM」が根を上げるという事態もあり得ることから、「VRM」の性能に注目が集まるようになりました。

　「VRM」のスペックを見る上で重要な指標が「フェーズ数」です。
　フェーズ数は「VRM」の回路数のことで、フェーズ数が多いほど負荷が分散されて安定した動作が見込めるという寸法です。
　当然上位グレードのマザーボードほど「VRM」のフェーズ数は多くなり、比例してマザーボード価格も上昇します。

　また「VRM」回路自体の品質も重要で、「Dr.MOS」(ドクターモス) という部品を用いているマザーボードは、特に「VRM」の品質に気を使っている製品と言えます。気を付けてチェックしてみると良いでしょう。

●背面I/Oパネルの充実度も価格差に

　その他、マザーボードのスペック差としてわかりやすいのが、背面I/Oパネルの充実度です。USBポートの対応規格とポート数や、オーディオ関係などの充実度は、マザーボードのグレードによって如実に変わってきます。

　必要なコネクタ類が揃っているか、しっかりと確認しましょう。

図1-7　背面I/Oパネル
USBポートが充実していたり、オーディオ関係が充実していたりと、モデルによって背面I/Oパネルもさまざま。また昨今はバックパネル一体型が主流だが、安価なモデルでは別々のものも多い。

●スペックを比べる時はポイントを絞ろう

その他、マザーボード上の冷却パーツの豪華さやネットワーク機能、基板の作りに至るまで、マザーボードのスペックは細かい部分にいろいろな差があります。

すべてを比べるとキリがないので、自分なりの譲れないポイントを絞り、そこを中心に各モデルを比べていくのがオススメです。

たとえば、後から増設しにくい「M.2スロット」の構成を第一ポイントに定めてみるのも良いと思います。

1-3　　実は面白いタッチパネル

■清水　美樹

スマホから駅の券売機までいろいろな場所で使われているタッチパネル。
用途によって仕組みも違います。意外な事実、興味深いデータも併せてご紹介します。

■タッチパネルのしくみと用途

●スマホは「投影型静電容量」方式

まず、「今、もっとも親しまれているタッチパネル」から始めましょう。
それはきっとスマホの画面です。

iPhoneなど「マルチタッチ」可能なタッチパネルに代表されるのは「投影型静電容量」という方式です。

この方式では、ガラスなどでできている「パネル」の下に、それぞれX方向・Y方向に連なっている電極が配置されています。

人間は導電体なので、指がガラスのある場所にふれると、ガラスだけの場合に対して、その電極の静電容量が変化します。
X方向の変化とy方向の変化が起こっている場所に触れたことが検出されます。

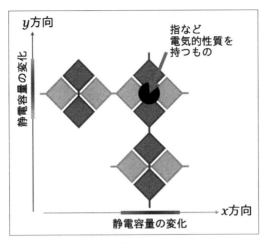

図1-8 「投影型静電容量方式」のしくみ

●「投影」でない静電容量方式とは？

「投影」というのは、電極と指の間にガラスを挟んでいることを示すと考えればよいでしょう。

これに対して「表面型静電容量方式」では、電極を画面の四隅にだけ配置してガラス全体の表面に発生した電界全体を解析します。

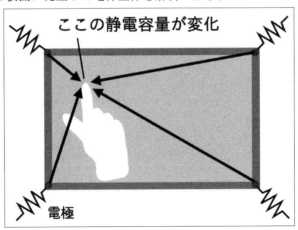

図1-9 「投影」でない「表面」型静電容量方式

　マルチタッチのような複雑な電界の変化は検出できませんが、電極の数が少なくて済むので、大型のタッチパネルで使われています。

　次に、タッチパネルの黎明期からずっと用いられているのが「抵抗膜方式」です。

　ここで「抵抗」膜と呼ばれているのは、電圧が発生することで通電を計測できるからです。

　仕組みを**図1-10**に示します。

　2枚の「抵抗膜」が、スペーサを通して(絶縁して)配置されています。指やスタイラスなどで圧力を加えると、上下の抵抗膜が接触し通電するので位置を検出できます。

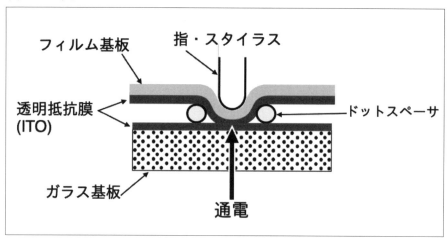

図1-10　古くからある「抵抗膜」方式

　図「透明抵抗膜」の材質は「ITO」と略称され、酸化インジウムに酸化スズを少量ドープした物質です。

　とにかく押せばいいわけですから、手袋をした指でもペンでもよく、水滴や埃にも影響されにくいので、生産現場などではまだまだ主流です。

●案外近くにある「表面弾性波方式」

「超音波方式」とも呼ばれます。

パネルであるガラスの表面に、超音波発振子により振動を与えます。

「弾性」波というのは、ガラス表面は弾性体だからです。

ガラス全体でも、衝撃には弱いが圧力には結構耐えるということを日常で経験していると思います。

図1-11のように、指で振動しているガラスに触れると、振動が減衰して検知します。

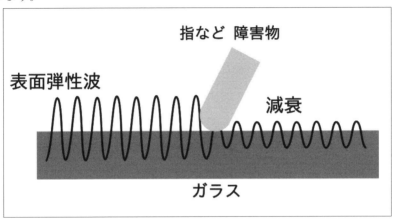

図1-11　表面弾性波方式。超音波で振動しているガラスに触れると、そこで振動が減衰するのでわかる

表面弾性波方式は、パネルの材料としてガラスしか必要とせず、超音波発信・受信子はパネルの外部に置けます。

よって、パネルを明るくでき、耐久性が高いので、屋外や公共の場でよく使われています。POS, ATM, 駅の券売機など、何気なく使っているタッチパネルのガラスの表面は、実は振動しているのかもしれません。

●赤外線光学イメージング方式

オールインワンPCなど、20インチを超えるような大型のタッチパネルでは、赤外線を指などが遮る「影」を捉えて位置を検出する「赤外線光学イメージング方式」がよく用いられています。

10年ほど前にそうしたPCやディスプレイが次々発表されたときには、図1-12のように簡単な作りでした。

最後は「三角関数でY成分を計算していた」わけです。

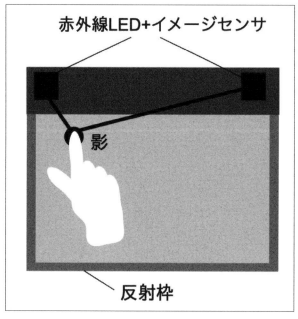

図1-12「赤外線光学イメージング方式」のハシリ
最後は「三角関数」で位置決め。

当時の工夫がしのばれます。

最近の赤外線方式のタッチパネルは、赤外線の発光素子と受光素子の組み合わせを縦横に多く並べて、マルチタッチにも対応しています。

■人の静電容量はどのくらい？

次に、タッチパネルに関する面白いデータをいくつか紹介します。

まず、「静電容量型」に関連してですが、人がタッチするときの静電容量とはどのくらいでしょう？

タッチセンサーなど各種センサーの製造会社「センサテック(株)」では、エレベータのボタンなどに使用する静電容量型のタッチセンサー使用上の参考に、いくつかのデータを提供しています。

それによると、人が普通に電極に触れた時は約200pFで、手袋をするとそれが10pF以下に落ちるそうです。

https://www.sensatec.co.jp/user_data/touch_precautions.php

■ タッチの力はどのくらい？

　電子機器やパーツ等の製造販売を行なう「テクノベインズ(株)」では、表面弾性波方式のタッチパネルに、手袋をした指やいろいろな素材にタッチする実験をしています。

　上皿秤にタッチする測定では、軽く触れても50〜100g、強めに押すと300g以上という結果が出ています。

　あくまで目安ということですが、他にあまりみられない貴重なデータだと思います。

　タッチ実験そのものも是非該当ページをご一読ください。

・タッチパネルLCD ET1515L　手袋によるタッチ評価
https://www.technoveins.co.jp/products/touchpanellcd/report_et1515l/index.htm

■触覚フィードバック

●振動で答える

　近頃、VRの技術で注目されている「触覚フィードバック」。

　目の前に浮かぶ3Dの映像に触ってもスケることなく、「触覚」を得る効果です。この技術は「ハプティクス」という用語で議論されています。

　触覚のカギは「振動」。というのも、触覚は細胞にかかる圧力の変化に対する反応と考えられているからです。

● 今のスマホも「触覚」あるけれど

　今のスマホの「触覚」は、確実にタッチしたことを示すために、ビビっと振動したり、長押しが認識されたときにコッツンと振動したりします。

　しかし触ったパネルがツルツルしているのには変わりありません。

　今追求されているのは、「ペコっとへこんだ」「飛び出ている」「モチモチ」「ザラザラ」など、見ているもののテクスチャに対応した触覚が与えられることだそうです。

●視覚の影響が大きい

そんなことができるのかというと、実は結構触覚は視覚や聴覚の影響を受けます。

このことは随所で研究されており、たとえば、実際は同じものを掴んでいるのに、柔らかいものを掴んでいる映像を見ると、指に本当にムニュっとした感じがあり、硬い物を掴んでいるいる映像を見ると、実際よりもつかめていない感じがするそうです。

精密工学会誌2017年83巻6号掲載の解説「ものづくりにおける触覚フィードバック　の活用（篠田裕之著）」https://www.jstage.jst.go.jp/article/jjspe/83/6/83_489/_pdf　に詳細な実験方法が紹介されていますが、簡単に書くと図1-13のような仕組みです。

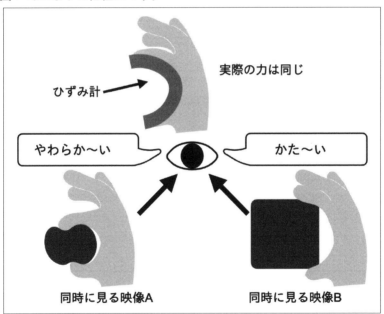

図1-13　同じもの（ひずみ計）を掴んでいるのに、見る映像によって異なる触感が発生する

1-4　「Wi-Fi」の意外な利用法

■清水美樹

今や、家庭で、そして街角で、フツーに気軽に使っている無線通信の規格「Wi-Fi」。

ネットを見たり連絡したり、という使い方のほかに、意外な利用法が研究されています。

やや無理な使い方でも、「フツーにある」のが強みなのです。

■「Wi-Fi」とその性質

●無線LANで主流の一規格

「ワイファイだと(4G程度のモバイルデータ通信より)速い」「ワイファイだから(イーサネットより)不安定」などと随所で語られる「Wi-Fi」と言う名の通信。

これは「無線LAN」と呼ばれる技術の一規格で、「Wi-Fi」という名前は、カッコいい語感で命名したそうです。

「インターネットに接続したい機器」に装備する無線LANの送受信機は、Wi-Fi規格の認証を受けたものが主流となっています。

●無線「LAN」なワケ

無線「LAN」とは、つまり限られた場所での通信です。

街のWi-Fiスポットもありましょうが、ざっくり「屋内用」と言っていいでしょう。

「Wi-Fiだとネットが速い」というのは、Wi-Fiで直接インターネットに接続しているからではなく、「モバイル通信」よりも速い「光」とか「CATV」とかのケーブル・モデムに接続しているのが、主な理由です。

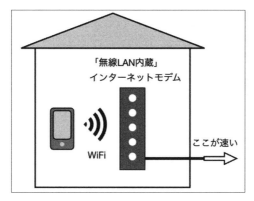

図1-14 「Wi-Fiだと速い」理由
もっとも単純な、「無線LAN内蔵のインターネット・モデム」使用時の例。

●「不安定」なワケ

一方、屋内で無線LANが、イーサーネット接続に比べて「不安定」なときがあります。

その理由は、デバイスからの電波が部屋の仕切りや部屋の中の物で散乱、吸収を受けて、無線LANルータに届く頻度が減るからです。

■「Wi-Fi」を「電波」として利用

●電波の「乱れ」や「減衰」を情報にする

無線通信の仕組をサラリと復習しますと、伝送したい「信号波」を、「搬送波」に載せて送ります。

言い換えると、「搬送波」の性状を規則的に変化させ、「信号」とするのです。

もっとも分かりやすい例は、図1-15のように、「搬送波」の振幅の変化を信号にする「AMラジオ放送」などの通信方法です。

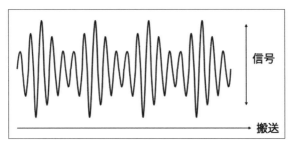

図1-15　無線通信のもっとも分かりやすい例
周波数は一定で、信号を振幅の変化で表わす。

●「搬送波」に着目

　私たちが送受信したい信号を得るには、送受信する「電波」から「搬送波」の情報を除去します。

　しかし、搬送波自体が屋内の環境によって変化するのですから、その変化を解析すれば屋内の情報が分かるでしょう。

　そこで、送信する内容とは別の観点で、いろいろなWi-Fiの利用法が考えられています。

■「CSI」の測定を利用

●「なぜWi-Fiか」答は簡単

　「同程度の周波数の電磁波」ではなく、わざわざ「Wi-Fiを」研究に用いる理由は、「発信機」や「受信機」が、手軽に使えるからです。

　たとえば「近赤外線のほうが精度が良い」としても、近所の家電屋さんで買ってきた「Wi-Fiルータ」と「パソコン」または「スマホ」があれば実験できる、というところに強みがあります。

　「Wi-Fiルータ」も、インターネットに接続する必要はなく、「アクセスポイント」設定で充分です。
（データを外部に送るのであれば、インターネット接続で一石二鳥です。）

●測定法もすでにある

このような目的での測定法も、すでに備わっています。

「チャネル状態情報」(CSI：Channel State Information)です。

「発信機」から出た電波が、「受信機」にどの方向から、どの強度で到達するかを記述します。

「CSI」の解析プログラムには、インテルのネットワークカード「Wifi Link 5300」用のLinuxドライバなどがあります。

もっとも簡単な実験系では、**図1-16**のように、「Wi-Fiアクセスポイント」と、このような「ネットワークカード」を装着したPCの間に、測定物を置きます。

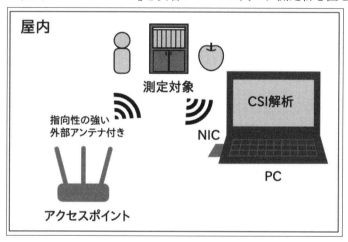

図1-16　Wi-Fiの「CSI」を利用した諸測定の原理

●CSI測定の対象

いままでに論文などで発表されている測定対象の例は、次のようなものです。

(1)部屋の配置、部屋のドアの開閉状態

(2)室内の人数、位置、姿勢など

(3)人の体温、呼吸の状態

　これらは、防犯や、部屋にいる人が日常の動きをしているか、倒れたり体調に異状をきたしてないかを見守るなどへの利用が考えられています。

　また、以下のような検査目的の研究も行なわれ、それぞれ「Wi-Fi」をもじった名前が付けられています。

(4)果物の中身の鮮度測定「Wi-Fruit」
(5)麦畑の麦の葉につくカビの発見「Wi-Wheat」

●測定結果をAIで判断

　屋内で反射や吸収ほか、いろいろな作用によって変化するWi-Fiの電波から、対象の位置や状態を判定するには、AIを用いるのが主流です。

　既知の位置や状態における「CSIデータ」を多数収集して、AIに学習を行なわせます。
　そのためにも、家庭用の電力・電気料金で、常時稼働が普通であるWi-Fiは有利です。

■電波の乱れや減衰を暗号鍵にする

●ゼロからの算出はほぼ不可能な量

　一方、「固有の環境では固有の電波状態」という物理現象を数値化して、暗号化通信の「鍵」にする研究もあります。

　一般に暗号化の鍵は、第三者に推測されないように乱数にしますが、コンピュータによって作成される乱数は、コンピュータによって算出できるはずです。

　一方、部屋で無線LANを用いたとき電波が受ける環境の影響は、その部屋にいる猫のノミ一匹(いればですが)に至るまで、知り尽くしていなければ再現できない、と言っていいでしょう。

●一歩外に出れば変わる量

このとき、有線部分は、別の手法でセキュリティを保つと考えます。

注目するのは、他の場所からこの無線信号を傍受しても、自分自身の環境(こ
れもほぼ再現不能)に妨げられて、暗号化の鍵にあたる数値を取り出せないはず、
ということです。

筆者はまだ実用化された例を知りませんが、日常利用できるWi-Fi利用法と
して注目されます。

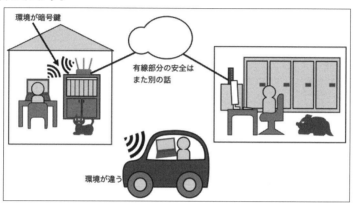

図1-17　Wi-Fi電波の環境による変化量を、暗号化の「鍵」にするアイディア

■「Wi-Fiハーベスティング」

●目指すは「充電不要のスマホ」

「ハーベスト」とは「刈り集める」という意味です。

局所的に大量のエネルギーを産出するのでなく、薄く広く分布しているエネ
ルギーを集めて、実用可能とする方法の研究です。

●スマホのWi-Fiでスマホを充電

スマホでWi-Fiを用いながら、その電波を電気エネルギーに変換して、スマ
ホの電力にする研究が進められています。

もちろん、「Wi-Fi」でなくてもいいのですが、あえて専用の電波を発信せず
とも、どこにでも溢れているWi-Fi電波を利用することに意味があるのです。

●ワイヤレス給電のWi-Fi版

無線電波を電力に用いる技術は、すでに「ワイヤレス給電」として実用化されています。

アンテナで受けた電波が電流として取り出され、ダイオードで矩形波に変換（レクティファイ）後、整流回路を経て安定した直流電流になって電池に溜まります。

そのため、このような給電用アンテナを「レクテナ」と呼びます。

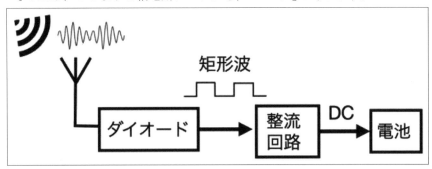

図1-18　すでに行なわれているワイヤレス給電の仕組

●Wi-Fiとスピントロニクス

「スピントロニクス」とは、エレクトロニクスの最初の三文字を「スピン」（磁気の原因）に替えた合成語で、電気・磁気を電子レベルで制御する研究のことです。

ダイオードに替えて、磁界の変化で電気抵抗を変化させる「スピントロニクス」を用い、Wi-Fiでよく使われている2.4GHz帯の電波から電流を取り出し、実際にLEDを点灯させる成果が得られています。

スピントロニクス素子は工業的に量産されているので、実用化の進展が期待されています。

■Wi-Fiパケットセンサ

●Wi-Fiの「MACアドレス」を利用

「パケットセンサ」はスマホのWi-Fiの普通の信号を受信しながら、スマホ保持者に何らかの情報を与えるわけでもないセンサです。

センサはスマホがWi-Fiスポットを探すときに送信する、自身のWi-Fi送受信機の固有ID(MACアドレス)を取得します。

異なる場所で、同じIDが取得された時間を解析して、人の移動や、同じ人が立ち寄る頻度などを調査できるのです。

●プライバシーへの配慮

「MACアドレス」は機器の固有情報なので、すぐに個人の特定に結びつくわけではなく、調査の際は他の値に変換して用いるそうです。

しかし、それでも所有者の明確な同意なしに情報を収集するのですから、観光地などでこの調査を行なう際には事前告知がなされ、センサ設置場所にはステッカーなどが貼られるそうです。

この調査で情報を収集されたくない場合は、調査地点付近でスマホなどのWi-Fiをオフにします。

以上、周りに普通にあるのが強みの「Wi-Fi」の意外な使用法でした。

1-5　データの安全な消去

■清水美樹

　「データをゴミ箱に入れただけでは」「クイックフォーマットだけでは」消去にならない、というのは周知のことです。

　では、使った機器を安心して譲渡・売却できるようにするには、どうすればいいのでしょうか。

■JAITAの資料

●JAITAとは

　「JAITA」(一般社団法人電子情報技術産業協会)、はデジタル産業の業界団体で、この分野における社会的な提言、統計資料の作成などの活動を行なっています。

　この団体の「情報・産業システム部会」で、2018年10月に「**パソコンの廃棄・譲渡時におけるハードディスク上のデータ消去における留意事項**」という資料を出しています。

・JAITAの「情報・産業システム部会」
https://home.jeita.or.jp/is/

＊

　この資料では、パソコンのストレージ上のデータ消去におけるセキュリティの問題として、「JEITA」の基本的な考え方を以下のように表わしています。

(1)ストレージ上のデータ消去は、あくまでもユーザーの責任

(2)ストレージ上のデータ消去の重要性をユーザーに認識してもらう啓発努力は、パソコンメーカーの責任

(3)パソコンメーカーだけではユーザーへの啓発は難しいので、多くの関連事業者からの多面的協力が重要

　「JAITA」は「業界団体」ですから、加盟各社、関連事業者では、この考えに基づいてマニュアル、ライセンス合意、修理や買い取りの条件などを作ることになります。

　ユーザーとしては、パソコンを入手、また、譲渡、売却、修理」などに出す

ときは、「データの消去は自分の責任である」と認めないわけにはいかなさそうです。

■「SSD」に対する留意事項

前述の資料の中に「SSDのデータ消去時の留意事項」があります。

「SSD」は、「磁気ディスク」とは構造が異なり、磁気的方法が使えないのはもちろん、以下の特徴があります。

(1)「SSD」では同じ領域への書き込み回数に上限があるので、データの書き込み箇所が分散するようにする(ウェアレベリング)。

　　そのため、「無意味なデータでディスク全面を塗りつぶす」処理が難しい。

(2)「ウェアレベリング」を無効にする設定は、SSD上で保護された領域にあり、内蔵では書き換え不可(セキュリティー・フリーズ・ロック)。

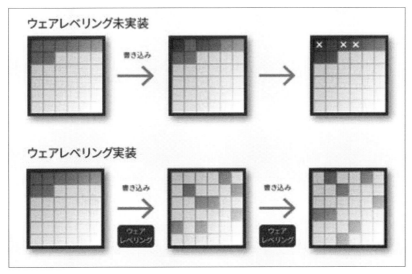

図1-19 「ウェアレベリング」の説明図
「SSD」の消耗を減らす良い方法だが、データの全消去には難関となる
(トランセンド社サイト https://jp.transcend-info.com/)

　このように、「SSD」内蔵パソコンを日常生活の中で普通に「中古買い取り」に出したい筆者のようなユーザーは、「自己責任でデータ消去してください」と言われても、ゲンナリです。

■どうすればいいのか

●掲載責任の明確な情報ソースを利用

　個人情報を入力したストレージを絶対安全に消去できる方法は「ない」と言わねばならないでしょう。

　たとえば、「SSD」を寸断したとしても、データの集積した「端切れ」から読み取れる情報がないとも限りません。

　万が一漏洩したときの対策、たとえば自分のクレジットカードの明細をよく確認するなどで、情報社会での生活をオールラウンドに守っていく必要があるでしょう。

●使用機器の製造元が推奨する消去法

　その上で、どんな方法がより確からしいと言えるでしょうか。

＊

　まずは、使っているパソコンの製造元がwebサイトなどで解説している「**廃棄・譲渡のためのデータ消去法**」です。

　たとえば、富士通、東芝、ソニーなどが、自社サイトでパソコン付属の「データ消去ソフト」の使用法や市販ソフトを紹介しています。

　「初期化」には、「不具合解消、リフレッシュして使用を続けるため」の方法もあるので、より正確に「廃棄(処分)、譲渡のためのデータ消去」を調べます。

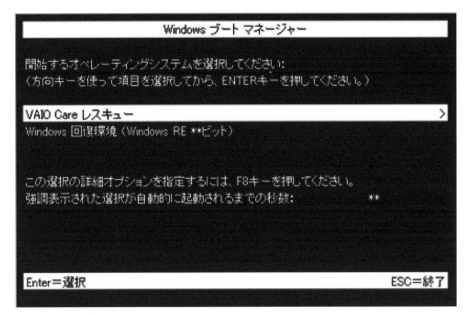

図1-20 sony VAIOの製品情報ページに掲載の「データ消去ツール」の起動法
「OS」とは別に起動してデータを消去する。
(https://knowledge.support.sony.jp/)

●セキュリティソフト会社の技術文書

セキュリティ関連の企業では、「どこまでの消去・暗号化などが現実的に安全か」の経験をもっています。

つまり、「データの発掘」や「暗号の解読」にどのくらい時間と手間がかかれば、人のやる気や発掘データの価値がなくなるか知っています。

ユーザー向けのブログ記事を探してみるといいでしょう。

＊

企業による情報提供を選んで紹介したのは、誤った情報で企業イメージを損なわないように検討された内容だと期待されるからです。

■スマホのデータ消去

●かなり安全と評されているiOS機器

　Appleが2017年3月に発行した「iOSのセキュリティ」という資料では、以下の仕組みですべてのデータが暗号論的にアクセス不可になっていると書かれています。

(1)工場でのiOSインストール時に「暗号鍵」が作られる。

(2)この鍵で全データが暗号化される。

(3)ユーザーが「すべてのコンテンツと設定を消去」を選択すると、この鍵が消去(別の鍵が作成)される。

　「Appleシリコン」搭載のMacにも、これが適用され、図のようなメニューで「暗号論的に安全なデータ消去」を行なえます。

図1-21　「M1Mac」だとこれで(暗号論的に)安全なデータ消去開始

■Androidでは

　Androidはデバイスがメーカーによって違うので、「工場出荷時状態に初期化」したときに、データはどうなるのか、はっきり分かりません。

　「まずデータを暗号化してから初期化」が推奨されている記事が多いので、この方法が有効であると思われます。

1-6 コード線の保管方法

■勝田有一朗

　コードの断線を防ぐ巻き取り方や断線の原因など、「コード」「ケーブル類」について、いろいろ解説します。

■ケーブルやコードに囲まれている現代生活

　PCやスマホを使っていると、誰もが一度はケーブル類の扱いを煩わしく思ったことがあるでしょう。

　むしろ毎日煩わしさを感じている人も少なくないはずです。

　「USBケーブル」「ライトニングケーブル」「イヤホンコード」「電源コード」などなど…私たちは、日頃からさまざまなケーブルやコードを手に取っています。

　このように普段から手に取って使うケーブル類には、断線という危険が常に付きまとい、ぞんざいに扱っているといつの間にか機能しなくなっていることもしばしば。

　ここでは、断線を防止する負担の少ないケーブルの扱い方や、断線しにくいケーブルの種類などを紹介していきます。

■ケーブル収納時の正しいまとめ方

● 小さくまとめすぎないように注意

　一般的に使わないケーブルは小さくまとめて収納していると思います。

　ケーブルのまとめ方としては、

・円状に巻き取ってそのままケーブルタイで縛るパターン
・折りたたむようにまとめて最後に中央をケーブルタイで縛り∞型にするパターン

の、2つが代表的なまとめ方になると思いますが、ケーブルへの負担という観点からは両者に大きな差は無いようです。

　ケーブルへの負担は曲げ半径に依存するので、必要以上に小さくまとめようとしなければ、どちらの縛り方でも特に問題ありません。

図1-22　どちらの縛り方でもOK、曲げ半径を小さくしすぎないように。

図1-23　危険な巻き方の例
曲げ半径の観点からは、スマホにきつく巻いたイヤホンコードなどは断線の危険性が高い。

●「8の字巻」をマスターしよう

　ケーブルの巻き取りについてひとつポイントを挙げるとするなら、ケーブルを円状に巻き取る際に「8の字巻」という手法を使うことで、ケーブルを解くときの負担を大きく減らせる巻き方になります。

　「8の字巻」はオーディオケーブルの巻き取り方として広く知られており、「順巻」と「逆巻」を繰り返しながらケーブルを巻き取る方法です。

　「8の字巻」は、ケーブルを伸ばした際、途中に小さなループが出来てしまうことを防ぎます。

　ケーブルを伸ばしたときに発生する小さなループは、曲げ半径が極端に小さくケーブルへの負担が大きいため、いずれ断線の原因となりかねないものです。

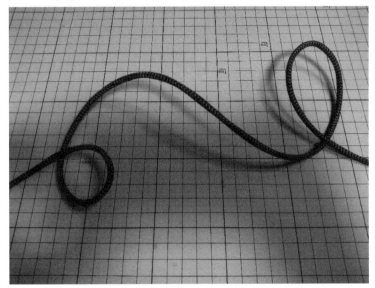

図1-24　ループの起きたケーブル

　順巻のみで巻いたケーブルを解くとケーブルの途中にこのような小さなループが発生してしまいます。
　ループを解くのは面倒な上、このまま強引に引っ張るとケーブルへ大きな負担となる。

　「8の字巻」については、紙面での説明が難しく、YouTubeなどで動画を参照したほうがかなり分かりやすいです。ぜひマスターすることをオススメします。

■ケーブル使用時は伸ばした状態で

●適切なケーブル長を把握しよう

　よく、余ったケーブルをグルグル巻きにして運用しているシーンを見かけることがありますが、基本的にケーブルの使用時は伸ばした状態にするのが理想です。

　そのため、適切なケーブル長を把握しておくのはとても大事なことになります。

　ただ、どうしてもケーブルが余ってどうしようもない場合は、大きめのループを作ってまとめるようにすると良いでしょう。

●電源コードをまとめた状態で使うのはNG

　信号系のケーブルであれば、多少巻いた状態で使っても大丈夫ですが、電源コードの場合、まとめた状態で使うのはあまりよくありません。

　電源コードをまとめた状態で使うと熱を持って最悪発火の危険性もあるため、電源コードは必ず伸ばした状態で使うようにします。

■「ライトニングケーブル」は断線しやすい?

●純正ライトニングケーブルの弱点は「コネクタの付け根」

　ケーブルの断線についてネットなどを調べると、「Apple純正ライトニングケーブル」に関する事例が多く見つかります。

　もちろん、日本でいちばん使われているスマホなので報告事例が多いという一面もありますが、実際のケーブル構造などに断線しやすい原因があるようです。

　よく言われる点として、デザイン製を重視した結果コネクタ付け根部分の補強構造が貧弱ということが挙げられます。

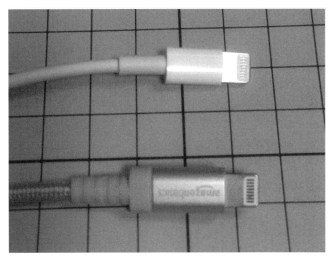

図1-25　純正(上)とサードパーティ製(下)のライトニングケーブル
コネクタ付け根部分の構造や、そもそもの大きさ自体がかなり違う。

　そもそも、「ケーブル断線」とは、何度もきつく折り曲げられたことによる金
属疲労や、引っ張られたときの張力が原因で起きる「芯線の切断」です。

　そのようなストレスが直接芯線へ加わらないように芯線を被覆で保護したも
のが「ケーブル」と呼ばれます。

　ところが、芯線を保護している被覆にも、大きなストレスが加わり続ければ、
いずれ破断してしまいます。

　そうなれば保護能力は失われ直接芯線にストレスがかかり、最終的に断線へ
とつながるのです。

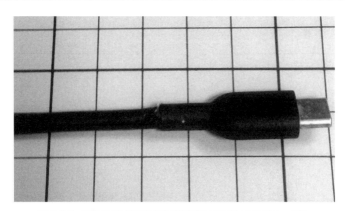

図1-26　コネクタ付け根の被覆が破断しているUSB-Cケーブル

まだこの程度であればビニールテープなどで補強し使い続けることは可能。

　コネクタの付け根は、特に被覆へ大きなストレスが加わる部分となっており、ここの補強構造が貧弱だと容易に被覆が破れ、すぐに断線してしまうというわけです。

　純正ライトニングケーブルに限った話ではなく、ケーブルにとってコネクタの付け根は泣き所の1つです。

　無理な力が加わらないように気を付けて使いましょう。

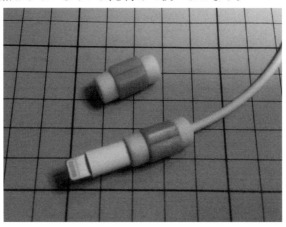

図1-27　純正ライトニングケーブルのコネクタ付け根部分を補強するパーツも販売されている。

●「メッシュ被覆」でケーブルの強度自体はとても向上している

昨今の「USBケーブル」や「ライトニングケーブル」は、被覆を強度の高いメッシュ構造にすることで破断を抑制するのがトレンドとなっていて、今後当面、強度の高いケーブルといえば「メッシュ被覆」ということになりそうです。

ただ、このようなメッシュ被覆採用のケーブルは柔軟性に欠けることがあり、使い勝手と強度を両立したケーブルに出会うのは少し難しいことかもしれません。

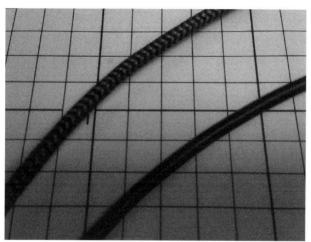

図1-28　メッシュ被覆(上)と、樹脂被覆(下)

ケーブルの柔軟性は樹脂被覆のほうに優れているものが多いと感じるが、今後どうなるだろうか。

■扱い方も重要

被覆の強化などで、以前よりも強度の高いケーブルが続々登場しているものの、断線を防ぐにはやはり使う側の扱い方もかなり重要になります。

・ケーブルを抜くときは、しっかりとコネクタ部分を持って外す。
・充電中のスマホは極力触らない。

など、基本的な扱いを怠らないようにすれば、「USBケーブル」や「ライトニングケーブル」も長持ちしてくれるはずです。

1-7　変わった塗装技術

■勝田　有一朗

身近なようであまり知らない「塗装技術」について、見ていきましょう。

■塗装で得られる効果

身の回りの日用品や電化製品、さまざまな乗り物や建造物、果ては宇宙ロケットに至るまで、世の中は塗装が施されているモノであふれています。

これだけ身近な塗装技術ですが、一般には知られていないこともいろいろあるはず。

というわけで、ここでは知られざる塗装技術の一端を垣間見ていきたいと思います。

まず、塗装によって得られる効果は、主に次の3つと言われています。

①装飾

塗装で色や光沢を表現し、見た目を美しくします。
また、異なる色を塗装することでカラーバリエーションを増やします。

図1-29　自動車のカラーバリエーションは、装飾目的の最たる例。

②保護

材料の表面が露出したままでは風雨や紫外線によって損傷することがありますし、金属材料の場合は水分や酸素と反応し錆が発生します。

そのような事態を防ぐために、塗装で材料表面に塗膜を形成し保護するのも塗装の重要な役目です。

特に厳しい環境下で錆や腐食から保護する塗料を「重防食塗料」と言います。

③機能付与

見た目や材料保護の他に、耐熱性、放熱性、遮熱性、耐候性、抗菌・抗ウィルス性といった機能の付与も、塗装によって可能です。

図1-30　セラミック断熱コーティング剤「ガイナ」
JAXAのロケット断熱コーティング技術からスピンオフしたもので、
「省エネ大賞」も受賞したことがある（日進産業プレスリリースより）

■さまざまな塗装方法

　塗装というと刷毛やペイントローラーなどで塗りつけたり、スプレーガンで吹き付けるという方法が思い浮かぶと思いますが、その他にもさまざまな方法があります。

　その一例を挙げてみましょう。

①溶剤塗装（刷毛塗り、吹付塗装など）

　樹脂や顔料を有機溶剤に溶かした塗料を用いて、刷毛塗りやスプレーガンの吹き付けで塗装する、もっともオーソドックスな方法です。

②焼付塗装

　加熱によって硬化する性質の塗料を用い、塗装後に「120〜200℃」の温度で焼き付けて塗料を密着させる塗装方法です。

③静電塗装

　帯電した塗料をスプレーガンで吹き付け、静電気の力で材料へと付着させる塗装方法です。
　塗料使用量を示す「塗着効率」は「80%」を超える場合も（通常の吹き付けは「50%」程度）。

④粉体塗装

　液体塗料ではなく粉末塗料を用い、静電塗装と同じく静電気の力で吹き付けたあと、加熱して粉末塗料を融解させることで完全に密着させるといった塗装方法です。
　1回の塗装で厚い塗膜を得られるのが特徴です。

⑤電着塗装

　塗料が入った液中に材料を完全に沈め、塗料と材料の間に電気を流すことで塗料を材料に付着させる塗装方法で、メッキ加工と似ています。

　塗料の中に材料を沈めるので、複雑な形状でも全体に均一な塗膜を得られる

ほか、生産性が高く大量生産に向いています。

目的や規模に応じて、このような塗装方法を使い分けています。

■実際の塗装技術を紹介

さて、駆け足ながら塗装の基本的な部分を見てみたところで、ここからは一目置きたい変わった塗装技術をいくつか紹介していきます。

●トヨタ自動車、塗着効率「95%」の塗装機

塗装時の塗料のムダをどれだけなくせるかは塗装技術にとってとても重要です。

トヨタが2020年3月に発表した塗装機は、塗料の吹き付けに空気を使わないエアレス方式の静電塗装を採用し、当時世界最高の塗着効率「95%」を実現しました。

●日産自動車、鋼も樹脂も一体塗装できる焼付塗装

自動車のボディ本体の鋼とバンパーなどの樹脂とでは焼き付け温度が大きく異なるため、従来の焼付塗装では別々に塗装するのが普通でした。

2021年より日産が導入した新しい塗装技術ではボディ塗装の焼き付け温度を調整し、樹脂パーツと同じ「85℃」という低い温度で焼き付けできるようになったので、ボディとバンパーを一体塗装することが可能となりました。

工程を削減できただけでなくボディとバンパーの質感や色の均質性も向上したとのことです。

図1-31　ボディとバンパーへ同時に塗装できる
（日産ニュースリリースより）

■ 世界一黒いアクリル水性塗料「真・黒色無双」

　光陽オリエントジャパンより販売されている模型用アクリル水性塗料「真・黒色無双」は、光吸収率「99.4%」の「世界一黒い塗料」と言われています。

　2022年7月にはカスタムカーショップ「ピットワン」とのコラボで、「真・黒色無双」を塗装した「世界一真っ黒な車」が製作され、ご存知の方も多いのではないでしょうか。

図1-32　世界一真っ黒なポルシェ
（ピットワンプレスリリースより）

■ 細かい擦り傷は勝手に治る「自己修復塗装」

塗装表面に傷が入ると見た目が悪くなる上に、傷が深くなれば材料を保護する力も下がります。

そこで、細かい擦り傷程度であれば勝手に治る「自己修復塗装」が生み出されました。主に自動車やバイク向けの塗装で実用化されています。

正確には、塗装の上に施すクリアーコーティングとして実用化されており、日産では「スクラッチシールド」、トヨタでは「セルフリストアリングコート」、カワサキでは「ハイリーデュラブルペイント」と呼ばれています。

また、電化製品や雑貨などにも施せるお手軽な自己修復コーティングの研究も進められています。

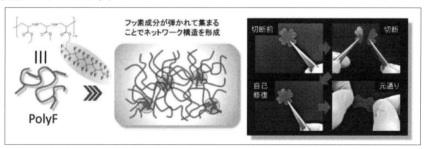

図1-33　岐阜大学の研究グループが開発中の自己修復エラストマー
極めて容易に合成できるのでお手軽な自己修復コーティングとしての実用化を目指している
（科学技術振興機構プレスリリースより）

●抗菌・抗ウィルス塗装

昨今のコロナ禍で、抗菌・抗ウィルス塗装はより注目が集まるようになりました。

たとえば塗料メーカーの日本ペイントグループは、抗菌・抗ウィルスに特化したペイントテクノロジーブランド「PROTECTON」を立ち上げ、抗菌・抗ウィルスの塗装を積極的に啓蒙しています。

図1-34　日本ペイントの「PROTECTON」ブランド
（日本ペイントプレスリリースより）

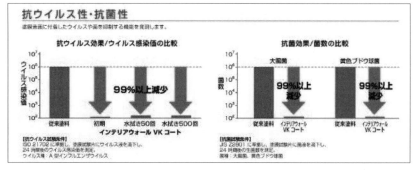

図1-35　コーティングによりウィルスを抑え込んでいる
（日本ペイントプレスリリースより）

■まだまだ広い塗装の世界

　ここだけでは紹介しきれないほど塗装の世界はまだまだ広いです。

　興味をもって調べてみるとけっこう面白く、イザというときの修繕などにも役立つかもしれません。

第2章

周辺機器の基礎知識

> ここでは、部品やUSBメモリ、SDカードの規格について解説します。

2-1　部品の規格

部品の規格や仕様について探ってみましょう。

■事故につながる？部品の規格、仕様の違い

規格はさまざまな場面で利用されています。

規格を守ることで、共通性が生まれ、互換性や利便性が高まります。

しかし、規格を利用する目的は、それだけではありません。

規格を守ることで、事故や破損いったトラブルを減らすことができるのです。

しかし、規格変理解が乏しかったり、誤用による事故が増えています。

以前は、素人作業による、失敗が多かったのですが、最近は、規格の策定や採用でも、同様のトラブルが増えており、規格の意義を揺るがす状況になっています。

今回は、部品の規格や仕様について探ってみましょう。

■そもそも、規格とは？

規格とは、仕様を共通にすることで、メーカーや生産時期などに関わらず、互換性をもたせることです。

そして、規格は、機械的なものだけでなく、ソフトウエア、通信（電子情報

だけでなく、人間同士が行なう通信手順も含む)、情報(電子情報だけでなく、紙の情報も含む)素材・成分(ガソリンなどの燃料や部材)作業手順、経営管理、環境保全など、多岐にわたっています。

　もう少し広い目で見ると、法律や交通ルールといったものも規格と同様のものと捉えられます。

　対して、日本語(言語)や公共のマナーのように厳密にルールが決まっていないものは、規格とは言えません。

　また、規格も、世界共通の国際単位系(SI単位系)に始まり、国際法、ISOやIECのような国際標準規格/準国際規格、JISのような国や地域毎の規格、BDやDVD、Wi-Fi、HTMLのように企業団体などがまとめる規格、一部地域や一メーカーのみで利用される限定的な規格(一部地域のみで使える特例法、決済方法、ゲームソフトや周辺機器、特定のOSやソフト上での動作互換性など)などがあります。

　一メーカーの製品仕様が、デファクトスタンダードになってしまうこともありますが、これは社内規格であり、共通規格というわけではないので、注意が必要です。
(この場合、製品誤差などで、トラブルも発生しやすくなります。)

●仕様の間違いが事故につながりかねない

　デファクトスタンダードの例でわかる通り、少しでも、仕様が異なれば、利用できなないばかりか、重大な事故・故障につながることもあります。

　また、規格ではなくとも、先人が何らかの理由で残した、機能や仕様を理解しないままに除去することで事故につながることもあります。とにかく、規格の前に、なぜ?どうして?という、疑問をもつことが重要なのかもしれません。

■さまざまな規格が存在する「ネジ・ボルト」

● タイヤ事故の原因は「ボルトの規格」

　最近、タイヤ（ホイール）の脱落や取り付け部分のリコールが増えています。これは規格の変更が原因の1つと考えられています。

　特に、最近多発している、大型車のタイヤの脱輪事故については、ボルトの規格がJISからISOへ切り替えられたことが一因と言われています。

●「JIS規格」と「ISO規格」

　かつて日本を含むアジア圏ではJISは信頼のあかしだったのですが、グルーバル化が進み、マイナーなローカル規格とみなされ始めています。

　トラックの話の場合、JISの時は、ホイールの固定ボルトが、車体左側は、左ネジ（逆ネジ）が使用されていました。

　これは、通常の右ネジを使用すると、走行するとタイヤは反時計回りに回るので、ボルトには緩む方向のモーメントが発生するのです。

　実際、エンジンやミッション内部など、反時計回りに高速回転する部位のボルトは左ネジを採用することが一般的です。

　しかし、車の輸出などを考えた場合、JIS規格のままでは、整備に支障が出てしまいます。ホイールナットやボルトは、半消耗品ですから、入手性が悪ければ、製品の購入自体が見送られてしまうのです。

図2-1　タイヤのボルトにも規格がある

　そんなこともあり、日本でもISO規格への切り替えが行われましたが、なぜか、ISOは左ネジではありません。

　締め付け方法やボルトの太さ、ボルトの間隔が異なるので、ISOとJISを間違えることはありませんが、ISO規格の場合はどうしても緩みやすくなります。

　もちろん、始業前点検をしっかり行っていれば、問題ないはずですがISOへの切り替えが進むとともに脱落事例が増えています。

＊

　ちなみに、普通車は、左ネジになっていません。これは、トラック用とボルトやナットの質量、回転半径が大きく異なるためと言えます。
　とはいえ、一般車もタイヤの脱落は、大きな事故につながっていないだけで、それなりの件数が発生しています。)

　以前は、トラックでのホイール脱落事故と言えば、アルミホイールの腐食や、ボルトの破断などが主な原因でしたが、現在はボルトのゆるみが主流になってきています。

●規格化の基準

　ISOの規格化の際には、メンテナンス性を優先したのだと思われますが、日本など、降雪や塩害の多い劣悪環境向けの規格が整備されていないことが、原因の一つに感じられます。

　車を知る人が規格化に携わっていれば、このような考えも出たはずですが、きっとそうではなかったのでしょう。

　なお、ここで言う、JISやISOは、ボルトそのものの規格ではなく、トラック向けホイール固定方法についての規格です。

●ネジの規格

　では、ネジの規格は？というと、これまた多数存在します。

　まず、普通のネジ・ボルトの場合は、インチ（英国の古い規格であるウィッ

トネジと北米・英国で共通化されたユニファイネジがある。それぞれ、ネジ溝の角度が55度、60度と違うので、互換性はない。）ISO、旧JISが存在し、それぞれ、ネジの太さ、ネジ山のピッチが異なります。

　互換性はないのですが、ぎりぎり入りそうな場合があり、気が付かずネジ込むと、ネジ山をつぶしてしまいます。

　北米の場合、大きさを1の何分の一という表記をする。ボルトの場合は1インチの何分の一という表記でしかも、9/16や7/8のような、感覚的に把握しにくい表記も多い。mm基準の文化からすると、非常にわかりにくいものと言えます。

　加えて、ネジの太さ、ネジ山の間隔、ネジ山の形状、頭の形状、締め付け工具の種類、素材や耐食処理などの違いなどがあります。
　オス・メスのある、普通のネジに加え、木に打ち込む木ネジ、鉄板の接合などに使うタップネジなどがある。3.5インチHDDやPCケースなどでは、タップネジに近いインチネジが使用されながらメスネジがある。PCでは、インチとミリが混在するので注意が必要です。

　正しいものを使用しないと、破断やショートといった事故の原因になります。

図2-2　ネジの規格にもいろいろある

●特殊なネジ、古い規格のネジ

望遠鏡や古い機械を触っていると出会うのが、特殊ネジと旧JISネジです。

特殊ネジは、規格外のネジや、加工されたネジで、頭が小さかったり、ネジはmmなのに、必要工具はインチだったりするものです。

量産品でないため、無くすと大変なことになります。

加えて、古い国産望遠鏡や光学機器、工業製品などでは、旧JIS規格のネジが登場することがあります。

旧JISは、廃止されていますが、生産されたものは当然残ったままです。

ネジ山の間隔が異なるため、そのまま、新JISネジを使用できないばかりか、無理に入れると、ネジ山が簡単に壊れます。インチと違い、太さは同じなので注意が必要です。

旧JISの場合は、メスネジの山を切りなおして新JISにすることで対応できることが多いですが、精密機械や骨董価値などがある場合は、悩むところです。

■業界によって、単位や規格が異なる場合も…

見方の違いによって、単位や規格が異なることもあります。

たとえば、光や色でいうと、明るさの単位だけでも、「ルーメン」「ルクス」「カンデラ」「ワット」などがあります。

「**ルーメン**」は、光源の総光束、つまり、すべての発行量を表す単位なので、電球やLED、バックライトなど光る部品などを扱う業界から見た単位になります。

「**ルクス**」は、照度とも言い、光の当たった面、つまり、机の上や壁面、路面などの明るさを示す単位であり、建築や治安など一定の明るさを規定する必要がある業界の視点になります。

「**カンデラ**」は逆に、一定方向で、得られる明るさ光度を表す単位です。

1カンデラは、およそ、蝋燭1本分の明るさとされています。ルーメンと違うのは、電球から出る光は、一方向に出るわけではないので、すべての光を利用できるわけではありません。

なので、ロスを除いた光量や、照明器具設計の分野で使われます。ワットは、ご存じのように消費電力や発熱量で利用されます。

光は、効率とともに、火災などの原因になるため、出力や発熱量の規定も重要となってくるのです。

●目的や立場で「規格」や「単位」は変わる

ここまで知ると、LED電灯の広告や単位の利用法が正しくない事例が多く思い当たるのではないでしょうか？

さらに、電気、写真、映像、CG、印刷、色、学術など、視点の違う分野では、単位の基準や考え方も異なってきます。

相対値であったり、絶対値であったり、平均値であったり、最大・最小値であったり、さまざまなので、一次元的な見方をしていると、正しい答えは見えてきません。

しかし、NASAですら、単位系を間違え、火星探査機を失っているので、大きな問題です。

これは1998年に打ち上げたマーズ・クライメイト・オービターで、探査機はヤード・ポンド法でデータを送信していましたが、受信側はメートル法で受信していたために誤差が発生し、衛星を見失ってしまったのです。

■DIYの功罪

DIYの普及で、あらゆる分野で自分で作業をする人が増えました。

しかし、電気工事のように実は免許が必要な分野もあります。それは、知識や経験がないままの素人作業は、事故につながりやすいからです。

DIYは安く、自由に行なえるのが良い点ではありますが、それ以前に、専門分野について知ることが重要です。

プロのように上手にできなくてもよいとは思いますが、法令や守るべきルール、知っておくべき仕組みを知らないままでは、事故の原因に直結します。

　DIYは、法令や技術を学ぶところから、楽しむべきと言えますし、何かあったときに「知らなかった」では済まされません。

　また、ここを楽しめないのであれば、素人作業はせず、対価を払いプロに任せるべきです。プロは仕事に責任をもつことが、第一に求められます。

　ただ、プロの質が下がっているのも問題の1つです。
　これは、過度な低価格化要求やDIYの増加によって業務経験の頻度が下がっていることも影響の一つと言えます。
　中にはDIYレベルの人が、仕事を受注してしまうことすら発生しています。

　仕事は信頼できる所に頼み、適正な対価を支払うべきです。これこそが、日本の経済や文化を高める道であり、巡り巡って私たちの生活も安全かつ豊かに改善されていくのです。

2-2　USBメモリの限界は？

　一時期は、どんどん容量が増えてえいたUSBメモリですが、このところは、動きは鈍くなっています。
　今回はUSBメモリの現状やこれからについて調べてみましょう。

■容量の問題

　USBメモリは便利な装置ですが、容量が決まっているため、いっぱいになれば、買い増すか大容量のものに買い替える必要があります。

　また、フラッシュメモリの欠点である寿命があるため、使用状況にもよりますが、買い替えによる定期的な交換も避けられません。

　これまでは、2年程度たつと、同じ程度の価格で倍の容量の製品が買えたので良かったのですが、最近は価格こそ下がっているものの、容量の拡大は頭打ちになってきています。

図2-3　1TBのUSBメモリ（サンディスク）

　このため、USBメモリではなく、より大型のポータブルSSDやドライブケースに2.5インチやM.2のSSDを詰めて利用するケースも増えてきています。

図2-4　2TBのポータブルSSD（サンディスク）

　なぜ、このような事が起きているのでしょうか？メモリチップの製造技術が限界に達したわけではありません。
　実際、立体積層の技術が進んだことで、SSD向けでは、一気に大容量化と低コスト化が進んでいます。

■転送速度・立体モジュール・発熱

　技術的に製造できるのに、なぜ、USB メモリでは採用されないのでしょうか?

　これは、USB メモリという形態や仕様にさまざまな縛りが発生するためと思われます。

●サイズの問題

　まず、USB のメモリスティックは大きくても太さ 1.5cm 長さ 5cm 以内に収める必要があります。

　つまり、使えるメモリモジュールの枚数、供給電力、放熱性などに制限が発生することになります。

●コスト面の問題

　そして、無理をして製造しても、非常に高コストになり、安価に利用できないものになってしまいます。

　実際、ある会社の製品では、プロ向け USB メモリよりも、同サイズのプロ向けポータブル SSD の方が安価な時がありました。当然、SSD の方がスペック上は高性能です。

●チップ性能の縛り

　また、電源や放熱性の縛りから搭載できるコントローラーチップの性能も制限されます。

　高速な USB メモリを USB2.0 につないでしまい、絶望的なコピー時間を目にした人も多いと思いますが、容量が増えれば、同様のことが発生するという事です。

　ということは、一定以上容量が増えると、書き込み速度が追い付かなくなるのです。

　また、書き込みが頻発すれば、発熱が増大するので、熱暴走やデータ消失の危険性も高まります。実際、各社のプロ向け USB メモリは放熱のためアルミなど金属製の製品が多いですが、初期の USB3.0 では、それほど発熱しなかったのに、より高速な USB3.2 Gen1 の製品では、かなり発熱するようになっています。

　また、高速化によって、どんどんデリケートになっている感もあります。
　かといって、ポータブルSSDはよりデリケートな面ため、軽便に使うことが目的のUSBメモリの代わりにはなりません。
（実際、私が某社の高価なプロ用ポータブルSSDに変えた際は、二度も原稿が消える事故があり、プロ用USBメモリに戻しました。）

　このようなことから考えると、むやみに速度や容量の向上を狙わず、使いやすい容量のものを、用途別に本数を増やす使い方が有効なのだと思います。

　筆者は、ワイヤーで一つにまとめNASで自動バックアップしていますが、やはり面倒ではあります。
　効率的に管理できるケースやバックアップの仕組みができるといいのですが…。リボルバーのスピードローダーのようながあると、便利だしかっこよいのですが、そのためにはUSBメモリの形状も規格する必要があるかもしれません。

■ポータブルSSDへの移行

　ポータブルSSDはなぜ不安定なのでしょうか？
　本来であれば、USBメモリやポータブルHDDよりも、信頼性が高いはずです。
　これは、USBメモリが抱える問題と同じように、5V4.5Wで駆動できる限界が近いのだと思います。

　HDDであれば、一度モーターが回ってしまえば、それほど電気は消費しないし、磁気でらせん状に記録しているので、ヘッドがクラッシュするほどの障害が無い限り、一部のデータが壊れても、すべてのデータが壊れてしまうことは稀です。
　対してSSDの場合は、書き込むデータは直接電子を使用するので、電圧変動などの影響を受けやすく、ファイル管理領域のアクセス中に発生するとパーティションごと壊れたり、場合によってはフラッシュメモリ自体が見えなくなる事もあります。

　加えて、SSDの場合はOSから、ストレージとして管理されるので、リムーバブルメディアとして扱われるUSBメモリよりも、デリケートなのでしょう。

■クラウドストレージは代わりにならないのか？

ドキュメントの一次置き場などであれば、クラウドストレージも、役に立ちますが、通信手段が無ければ利用できず、忙しい時に限って、通信が遅くなったり、つながらなくなったりという事が発生します。

酷いとサーバートラブルで数時間ロールバックなどという事もあります。

年間、サーバー台に相当する数十万円を支払うなら、別かもしれませんが、タダに近い金額で、他人にデータを預ける行為は正直無謀ですし、安心できません。

コストはオンプレでも、クラウドでも本来は大きく変わらない事を意識すべきです。
また、一次作業場に使うにもレスポンスが悪いので、USBメモリの代用にはなりえません。目的にあった使い分けが重要と言えます。

■暗号化USB

データの持ち運びは、漏洩の危険が付きまとうため、避けるべきだという意見が多いですが、シンクライアントを使用しても漏れるときは漏れます。
(サーバーサイドで漏れることもありますし、ほとんどの漏れる原因は、機材を手元から離して放置したり、データをもって飲み屋に行ったりといった事に起因していますから、モラルハザードが原因ではどんな対策をしても無駄です。)

まず、行なうべきは、モラル教育と失敗した際の緊急対応を練習させることだと思います。

とはいえ、生データをそのまま持ち歩くのは、良くはないので機密性が必要なデータは、暗号化できるUSBメモリに保管したほうが良いでしょう。暗号化できるUSBメモリは、容量が小さい製品が多いので、この点でも使い分けが重要となってくるでしょう。

図2-5　暗号化機能付きUSBメモリ（エレコム）

■カオス状態のUSB規格

　互換性や利便性を高めるためにUSB Type-Cが採用されたのですが、実際には混乱のもととなっています。

　まず、従来のUSBでは色や形状が違ったため、比較的分かりやすかったのですが、USB Type-Cの場合、見た目はどれも同じで、見ただけでは、どの仕様のUSB Type-Cなのかが分かりません。

　USBは、1.0にはじまり、1.1、2.0、3.0、3.1、3.2が利用され、まだ製品は少ないですが4.0も登場しています。

　Type-Aなども3.0〜3.2は見た目の違いがなくわかりにくく、さらにGen1、Gen2という規格拡張が行なわれたため、カオス状態です。

　これに加え、Type-Cでは、淵源規格の差やオルタネートモードというものまで存在します。

　オルタネートモードはType-Cの空き結線を別用途に使用する仕組みで、DisplayPortやThunderboltなどが有名です。

　これにより、Type-C接続でディスプレイ表示が行えたりするのですが、ぱっ

と見では、対応状況が分かりにくく、逆に混乱をきたしています。

　実際、つないでみたら、USB2.0でしか認識しなかったり、充電で使用したら、過熱してコネクタが解けるなどという事例も発生しています。

●両立の難しい「高速充電」と「高速転送」

　また、高速充電と高速転送を両立することが難しいために、多くのケーブルは、どちらかの機能しか満たしていません。

　なぜなら、両方の仕様を満たそうとするとケーブルが太くなるからです。

　高速充電対応のケーブルを見ると、コネクタと同じ太さの製品も多いので、両立させようとすると、コネクタよりもケーブルが太くなってしまいます。

　とすると、困るのが、ポータブルSSDや2.5インチディスクケースの類です。

　USBメモリと違い、これらの装置は、大電力を要求するため、細いケーブルでは電力不足で動作不良になりがちです。同じようにUSBハブも、ノイズや電力不足、過熱などで、ハングアップする場合が増えています。

　特に高速なストレージを使用するとこの傾向が強くなり、データの消失やロールバックなども発生します。

　原因は定かではありませんが、キャッシュまでは書き込まれたものの、フラッシュメモリ本体に書き込まれず、内容のロールバックが発生するのではないか？と予想しています。

　HDDであれば、惰性で回転するので、一瞬電気が止まっても、普通に動いてしまうことが多いですが、フラッシュメモリは機械的な部位がないだけに、被害も増大しがちです。

　USB3.x以上でストレージを使用する場合は、ハブを使用せず、直結することと、できるだけ品質の高いケーブルを使用することが重要でしょう。

　短すぎても長すぎてもトラブルの原因になりますから、30cm前後のショートケーブルなどを別途用意することと取り外しは、今もって取り外し処理をした方が良いかもしれません。

　ともかく、USBの規格はカオス状態なので、よく確認しないと、悲しい結果になりがちということです。

まとめると、

・コネクタの違い

TYPE-A（2.0以下と3.0以上で別）TYPE-B（2.0以下と3.0以上で別）
TYPE-C、そしてミニ、マイクロ、平8Pなどがある

・転送規格の違い

1.1/12Mbps、2.0/480Mbps、3.0・3.1Gen1・3.2Gen1/5Gbps、
3.1Gen2・3.2Gen2/10 Gbps、3.2Gen2x2/20Gbps、4Version1.0/20・
40Gbps、4Version2.0/80Gbps

・オルタネートモードの違い

DisplayPort/Thunderbolt/HDMIなど

・通電モードの違い

USB標準/5V2.5W・4.5W、USB Power Delivery/最大20V100W、Quick
Charge/最大20v100Wなど

この様な状態もあって、USBメモリのほとんどはTYPE-Aです。

ポータブルSSDではTYPE-Cも増えてきていますが、小さいコネクタは接触が悪く、これも、データ破損などの原因になっているのではないかと感じています。

■円安による影響・製品の鮮度

円安の影響で、PCパーツも高騰していましたが、2022年末からストレージ関連の物品は値崩れが始まっています。

HDD、SSDともに値崩れが進行していますが、ことUSBメモリやポータブルSSDに関しては、在庫も少なく、価格も高止まりのままです。

ここで、面白い状況が発生していて、秋葉原の店頭で多く並ぶ並行輸入品よりも、メーカー直販の正規品のほうが、安く大容量品が潤沢にあるという逆転現象が発生しています。

これは、極端に円安や円高が進行した際に起こりがちな事で、輸送コストや再販コストなどが上乗せされる分、生産地から直送される正規品のほうが安くなってしまうというものです。

加えて、正規品のほうが、製品の鮮度が良かったり、保証が良いことが多い

と言えます。

　ストレージ関連商品は、劣化しやすいので、販売までの商品の置かれた状態が、品質に大きく影響しがちです。

　生産後、すぐに空輸されれば当然フレッシュですが、船便で港で野積みでもされれば、高温多湿の環境で製品の劣化は進みます。

　同じ商品を買っても、販売店や時期によって、品質に大きな差があるのは、このことが影響しています。

　もちろん、並行輸入でも仕入れ方法でかなり差がありますから、ショップ選びが重要となってきます。
　しかし、正規品のほうが安いとなると、これは考える必要はない状況です。

　この状況がいつまで続くかわかりませんが、筆者も、正規品のほうが、大幅に安いという状況は見越していなかったため、驚きつつ、チャンスとばかりに、仕事で使うUSBメモリをすべて買い換えました。

2-3 SDカードのカオスな規格

USB以上にカオスな規格をご存じでしょうか？

皆さんが、よく利用されているであろう、SDカードです。

今回は、SDカードの規格について、探ってみましょう。

■そもそもSDカードとは？

SDカードに類する規格では、多数の規格・仕様が存在し、正しく理解して使用しないと性能を発揮できなかったり、ビデオカメラなどでは、動作しないこともあります。

順規ライセンス、容量・フォーマット規格、カードサイズ、転送速度、端子規格＋メモリ＆コントローラーチップの性能中には、規格は上位なのに、新製品が出ず、下位規格の新製品のほうが転送が速い書き込みより読み出しが遅いといった、製品すらあります。

なぜこのようなカオス状態になっているのかといえば、SDという規格そのものが、独自の規格ではなく、他の規格に付随、補強する目的で作られた派生的な規格だからです。

そもそも、SDは、ビデオディスク「Super Density Disc」(DVDの原案-1995年)をまとめる際に生まれました。

このため、SDのロゴマーク「D」の意匠は光ディスクをイメージさせるものになっています。

「Super Density Disc」はDVDへと繋がったため、このロゴマークは使用されませんでしたが、DVD同様にメモリカードにも著作権管理機能の実装が求められました。

この際、考えられた、技術や運用ルールなどをメモリカードに転用したのがSDカード※なのです。

> ※「Secure Digital」の略であり「Super Density Disc」の略ではありません。
> 　ただ、実際にこの著作権管理機能は、ほとんど利用されなかったため、現在は「Secure Digital」の略という説明は行なわれていません。

　SDカードはSD Groupに1999年に発表されましたが、基になった規格はマルチメディアカード（MMC）でサンディスクなどによって1997にまとめられたものです。

　形状やプロトコルが完全に同じではないのでSDカードと互換があるわけではないですが、装着する装置側が両対応している場合もありました。

　また、後に登場するmicroSDカードは、2004年に登場したトランスフラッシュ（TFカード）を追認、引き継ぐ形で登場しています。

　このため、日本以外の国や、ライセンシングや互換性の問題（フォーマット形式が異なるなど）でSDの名称が使いにくい場合など、MMCやTFカードといった呼称が使われることがあります。

　特にmicroSDカードに関しては、海外ではTFの呼称のほうが優勢と言われています。

　MMCにはじまるSDカードですが、早い段階でシリアルバスを採用していた点と言えます。

　当時普及していた別の規格、コンパクトフラッシュは、PCMCIAカードをベースにしており、中身は、PCの拡張バスやHDDインターフェースに近いパラレルバスを採用したものです。

　その分、多機能に利用できる利点はありますが、小型化や省電力化には足かせになってきます。

　個人向けのデジタルカメラなどのストレージとして考えた場合は、無駄な機能は、無い方が有利ですし、高速化などの規格追加も行いやすいメリットとなりました。

　もちろん、信頼性の部分では、不足する部分もあるので、プロ用の装置とは、すみ分ける形で、利用され続けています。

■SDカードの規格

　現在までSDカードが生き残ってきたポイントとして、目的別に大きさの異なるカードを提供したり、性能がユーザーに分かりやすい、スピードクラスなどを導入したことが挙げられます。

　特にビデオカメラなどでは、解像度や圧縮率によって、必要な最低転送速度が決まってくるため、書き込みが間に合わないと録画は止まってしまいます。

　利用する機器側で必要なスピードクラスを示せば、それに合ったカードを選べば、失敗がないという構図です。

　なお、かつてはSDIOを利用したSDカードサイズの周辺機器(無線LANアダプタやGPSなど)がありましたが、現在では姿を消しています。

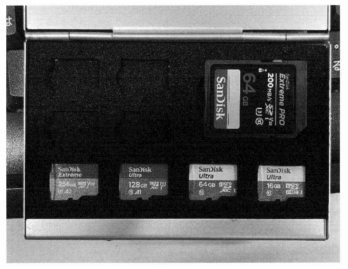

図2-6　SDカードにもいろいろある

●カードの大きさ

　初期のSDカードは、切手大のサイズで登場しました。

　これでも、当時は十分小さなカードでしたが、スマホやDAPのような小型の装置には大きすぎたため、より小さなサイズが提供されました。

　最初に登場したのが2/3程度の大きさの「miniSDカード」です。ただ、この程度の小型化では、中途半端であり、あまり普及しないままに、より小さなmicroSDカードに置き換わっています。

　microSDカードはSDカードの1/4程度と充分に小さく、普及しました。

　当初は小さな容量が多かったのですが、昨今は容量だけであれば、SDカードと変わらぬ大容量の製品が登場しています。

　しかも、流通量がSDカードよりも多いため、価格も逆転してきています。miniSDカードも、microSDカードも、アダプタを用意すれば、より大きいスロットで利用できる点も利便性が高かったと言えます。

　「3D NAND」の普及で、容量だけであれば、microSDカードでも充分ですが、高負荷で連続使用すると発熱し性能低下したり、データが消えてしまうこともあります。

　転送速度の面でも、不利なため、従来のSDカードも利用され続けています。

　このため、デジタル一眼などにアダプタで「microSDカード」を使用するのは好ましくないとされています。

　ただ、安価な製品では、抜けないSDカードアダプタの中にmicroSDカードが入っているだけという事もあるので、SDカード＝信頼性が高いというわけではありません。

　きちんと品質を見極めることも重要となってきます。

●容量の差

SDカードは、HDDなどと異なり、仕様を簡略化しているため、最大容量などが明確に決まっており、これにより、コントローラーチップの生産コストや互換性が高まるメリットが出てきます。

初期のSDカード (SDSC-SD Standard Capacity) は、FAT16フォーマットだったため、最大容量は2GBとされていました。
(規格外でなら、より大きな製品もありました。また、PCなどで、標準外のフォーマットを行なうことも可能です。)

しかし、デジタルカメラの高性能化で、すぐに容量が足りなくなり、上位規格「SDHC」(SD High Capacity) が2006年に登場します。

SDHCではFAT32が標準フォーマットとなったため、32GBまで利用できるようになりました。
利用するハードウエア側で、下位互換はありますが、逆はないため、通常、SDSCの機器でSDHCなどの上位規格を使うことはできません。

*

その後、さらに大容量の「SDXC」(SD eXtended Capacity)が2009年に登場しますが、コストや技術的な問題から、しばらくの間、容量不足がメモリカードの懸案となった時期がありました。

SDXCでは、「exFAT」が採用されましたが、最大容量は2TBとなっています。

かつてはSDXCの容量をすぐに超えることは難しいと考えられていましたが、3D NANDの登場で大容量化のめどが立ち、テラバイトクラスのSDカードがすでに販売されています。

そこで、更なる上位規格として128Tまで対応する「SDUC」(SD Ultra Capacity)が2018年に採用されました。

図2-7　SDUC（SDアソシエーション公式サイトより）

　しかし、容量が増えれば、転送時間も長くなるため、現在はピン数を増やした、「UHS-II・III」「SD Express」などの拡張規格でしのいでいます。
　これ以上の大容量化については、転送速度が追い付かなくなるため、規格そのものを見直す必要が出てくるでしょう。

●バスインターフェイスの差

　SDカードの規格に付帯される形で、転送速度に関する規格がります。ひとつは、バスインターフェイスとしての規格です。

　これは、物理層の問題なため、最大性能を出すためには、使用する機器、カード両方での対応が必要です。

　あくまでも、バスの速度なので、SATAなどと同様にメモリカードとしての実速度ではないことに注意が必要です。

　最初の規格では最大転送速度は12.5 MB/sでしたが、2004年にHS（ハイスピード）モードが登場し、25 MB/sに増速されました。
　このころは、何倍速（CD-ROMの1倍速150 KB/sに対して）という表記が多かったため、HSを記憶している人は少ないかもしれません。

＊

　次に登場したのは2010年に登場したUHS-Iで、現在主流の規格です。ローマ数字で「I」と書かれています。

　あまり知られていませんがUHS-Iには四つの転送モードがあり12.5 MB/s、25 MB/s、50 MB/s、104 MB/sなっていますが、これらについて記載されて

いる製品はほとんど見かけません。

このため、仕様書に記載が無い場合は、最大転送速度やスピードクラスから推察するしかありません。

その後、4Kカメラや高解像度カメラの登場で、UHS-Iでは速度が不足するようになってきます。

そこで、ピン数を増やしたUHS-II・IIIが登場しました。それぞれ、312 MB/s、624 MB/sが最大速度となっていますが、このクラスでは業務ユーザが多いためCFexpressを利用する場面が多く、あまり製品は多くありません。

そして、更なる高速規格としてPCIeとNVMeを採用したSD Expressが登場しています。

最大速度は3940 MB/sとされていますが、UHS-II・IIIと追加のピン配列が異なるため、併用できません。

SDカードは規格をわかりやすくすることも、1つの目的だったと思われますが、現在は、ハイエンドになるほど複雑怪奇で、分かりにくい規格になってしまっています。

●スピードクラスの差

「スピードクラス」は、カードの最低保証速度を示したものです。

初期のスピードクラスは、そのまま最低保証速度を示していました。
「C」の中に数字が入り、10なら10 MB/sという事になります。

図2-8　スピードクラス
（SDアソシエーション公式サイトより）

　スピードクラスは、「2,4,6,10」が用意されていましたが、現在の製品は、ほぼすべて10になっています。

＊

　HDや4K動画の撮影では、旧来のスピードクラスでは、表現できなくなったため、UHS-Iに合わせ、「UHSスピードクラス」が登場しました。

図2-9　UHSスピードクラス
（SDアソシエーション公式サイトより）

　UHSスピードクラスは、UHSスピードクラス1と3が利用されていて、それぞれ、10 MB/s、30 MB/sとなっています。記号はUの中に数字が入ります。
　ただ、UHSスピードクラスでは、まだ大雑把なため、「ビデオスピードクラス」というものも決まっています。
　「v60」などと表記し、この場合60MB/sという事になります。
　「V6,v10,v30,v60,v90」がありますが、完全に仕様を満たそうとすると高額な製品になってしまいます。

図2-10　ビデオスピードクラス
（SDアソシエーション公式サイトより）

　コストダウンのため、書き込み速度と読み出し速度で大きく異なる製品も増えたため、現在は転送速度をそのまま記載している製品も増えています。

■規格だけでは語れない性能

SDカードは、HDDやSSDと同様、バス規格、転送規格、キャッシュ容量と速度、コントローラーの性能、メモリそのものの速度などの要素の組み合わせで、実際の性能が変わってきます。

しかし、バス規格、転送規格は、製品に記載があるものの、それ以外の仕様は、非公開であることがほとんどです。

このため、製品グレードと製品パッケージに記載されるリード性能とライト性能の表記から、その他の性能を推察するしかありません。

●製品グレードの差

ほとんどの製品で「エントリー」「ハイエンド」「プロモデル」「産業用」と、マルチグレード展開がされています。

これは、フラッシュメモリには転送速度の差と書き込み寿命が存在することで、性能・寿命とコストが直接的に影響するためです。

エントリーモデルでは、短期間で寿命に達してしまう事や、放熱性が弱くオーバーヒートして止まってしまうこともあります。

一時ファイル置き場ならエントリーモデルでもいいと思いますが、撮影などでは、ハイエンド以上の製品を選びたいものです。

業務ユーザーではプロモデルの使用が必須と言えます。大容量の製品は高コストになるので、小容量のプロモデルを複数枚使いまわすのもよいかもしれません。

ラズベリーパイやドライブレコーダーなどでは、書き込みが多発するため、プロ用モデルでもすぐに寿命に達してしまうので、寿命を強化した産業用モデルを利用するといいでしょう。

●フラッシュメモリの寿命

　フラッシュメモリは、高い電圧をかけ、電子を押し込むことで、書き込みをします。

　このとき、メモリセルが徐々に劣化していき、最後には電子を保持できなくなってしまいます。

　多くの製品でHDD同様代替え領域があるので、すぐに使えなくなることはありませんが、代替え領域を使い切れば、データエラーやクラッシュといった障害につながります。

　安価な製品では、メモリセルの強度に加え、この代替え領域が少ない場合が多いと言えます。加えて、大容量化のため、1つのセルに複数ビット格納するMLC/TLC/QLCや3D NANDが普通に利用されています。

　安価で大容量の製品ほど、一度に格納するビット数が増えますが、その分、メモリセルの寿命は低下します。

　中には、数百回の書き込みで寿命に達することもあります。

　実際には数十回で寿命に達することがありますが、これは、ファイルの管理領域のみが、多数書き換えられ、想定以上に劣化が進むことがあるからです。

●流通経路・生産ロットによる信頼性の差

　もう1つ、信頼性に影響するのが流通経路です。

　カメラやPCなども、販売店によって信頼性に差があることがありますが、これは、流通時の保管状態や、そもそも、製造段階で部品が違う場合があるからです。

　これにより、同一製品でも実売価格が大きく変わってきます。

　SDカードの場合、国内正規品と並行輸入品が流通しています。

　並行輸入品は、船便が多く、輸送時の劣化が起きやすいと言えます。また、生産国も酷な品と異なる場合があります。フラッシュメモリは鮮度が重要ですので、信頼できる販売店で、可能であれば国内正規品を購入すべきです。

●偽造品

並行輸入品では偽造品も横行しています。筆者も秋葉原のショップで買ったセール品が偽造だったり、品質が低かった事もあり、以来、フラッシュメモリのセール品は買わないようにしています。

また、リネームだけなら、まだよいのですが、容量偽装やウイルス入りという事もあります。

容量偽装の場合は、データが壊れるだけでなく、接続した危機がクラッシュする可能性もあるので、要注意です。異様に安価な場合やメーカーラインアップにない商品は、確実に怪しいので、避けた方がいいでしょう。

●ハード・ソフト側の問題

UHS-II以降の高速転送仕様では、標準よりもピン数が増えています。これは、当然、使用するカメラやPC・スマホ、カードリーダーが対応するピンをもたなければ、UHS-IIなどの高速転送ができません。

MicroSDの場合は、SDカードアダプタを使用した場合も同様の問題が発生する。MicroSDカードのオマケでSDカードアダプタが付く場合もありますが、UHS-IIに対応していない事が多いようです。最近はUHS-II対応アダプタなども販売されています。

この場合、UHS-I以下の下位互換での接続となりますが、どのモードで接続するかは、OSやドライバ、ソフト、コントローラーチップなどの仕様とカードとの相性によるため、繋いでみないと、転送速度が分かりません。

SDカードに関するツールは、ライセンスの影響などもあってか？数が少なく、特に転送モードを確認するツールは見かけません。
ベンチマークソフトなどから得られる転送速度から、推察するしかない場合が多いと言えます。

また、UHS-IIのカードがUHS-I以下のモードで動作している場合、大幅に速度が低下する場合があります。
同グレード・同容量でUHS-I、UHS-IIのカードが併売されている場合があ

るのはこのためです。

　SDカードは限られた機能で性能を出さなければいけないので、キャッシュメモリやメモリの配置など、最適化が行なわれています。

　このため、異なる転送モードやスピードクラスで動作すると、性能を発揮できないのです。
　加えて、ハード側の性能も影響してきます。
　高速なSDカードの性能を出すのであれば、USB3.0以上での接続が望ましいですが、USB3.0は発熱や消費電力不足などの影響でトラブルが多く、そのためか、USB2.0の製品が増えるという技術退行が発生しています。

　PCやスマホの内蔵スロットでも、USB2.0接続の製品が少なくありません。
　また、高速に対応していても接続不良などで低速モードになってしまうこともあります。
　USBも、どのモードで動いているかを確実に知る手段が少ないため、悩ましい問題です。

　製品によってはLEDなどで、USBの速度を確認できるものもありますが、経験上あまりあてにならないことが多く、余計な機能のないシンプルな製品のほうが信頼性も速度も優れているように思います。
　カードリーダーもスペック詐欺なども多いので、注意が必要です。

　4K動画や大量の写真データの転送は、UHS-IIでも数十分かかることが多いです。
　これが、低速モードになると、数時間単位になってしまうので、作業時に大きな問題なります。

　業務利用の場合はカードのマネージメントも重要になってくるので、ユーザー側での運用ノウハウ蓄積が求められる部分です。

　ともかく、SDカードは読み出しだけなら、以外と長持ちしますが、書き込みが多い場合は、寿命が短くなります。
　無駄遣いは良くありませんが「少しでも異常を感じたら、買い換える。」「大事な作業・撮影の前には新品にする。」といった配慮が重要です。

第3章

気になる電子技術の謎

■清水美樹

ここでは、パソコンやスマホを使う上で気にはするけど、実はよく知らないことが多い「文字化け」「予測変換」「回線速度」などについて、解説します。

3-1 文字化けと文字コードの事情

　最近は日本語の「文字化け」に悩まされることもほとんどなくなりました。文字コード「UTF-8」がホボ標準になったからなのですが、その経緯と仕組みは?

■文字化けとは、「文字と2進表記の対応」の誤り

●文字化けではない例

　以下の例は、文字化けではありません。

> アカウント情報の一部が誤っている故に、
>
> 情報を確認する必要・ェあります。今?

図3-1　文字化けではない例

　筆者には覚えのないアカウント情報に関する間違いメールだったようですが、漢字の雰囲気がなんとなく違って見えるのはフォント選択の誤りによります。

　ただし、「・ェ」の部分は文字化けか、打ち間違いかは不明です。

●文字化けの例

文字化けというと、以下のような例です。

(1)SJISのテキストをUTF-8で開いた場合

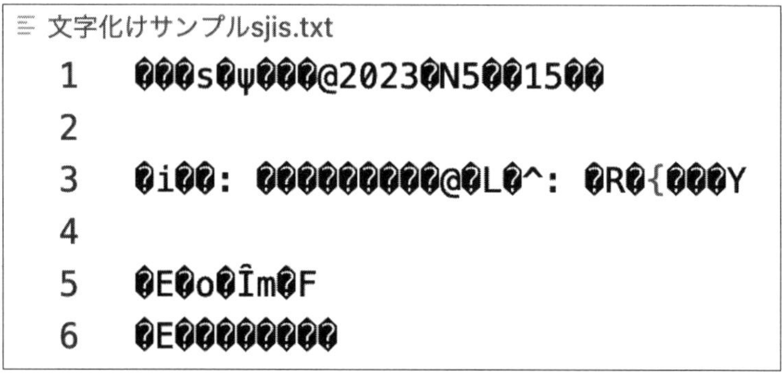
文字化けサンプルsjis.txt
1 ���s�ψ���@2023�N5��15��
2
3 �i��: ���������@�L�^: �R�{���Y
4
5 �E�o�Îm�F
6 �E��������

(2)UTF-8のテキストをSJISで開いた場合

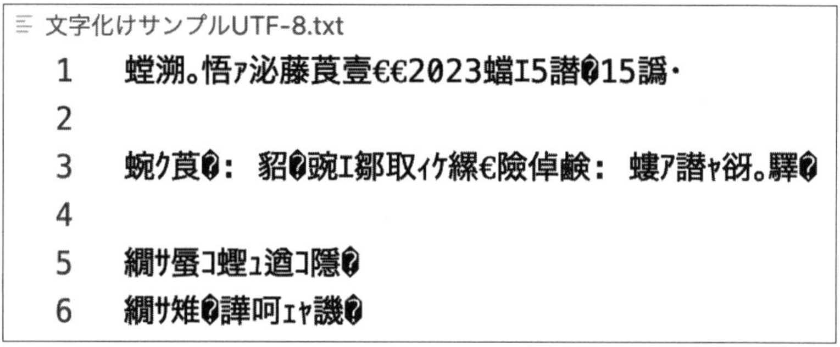
文字化けサンプルUTF-8.txt
1 螳溯。悟ｧ泌藤莨壹€€2023蟷ｴ5譛�15譌･
2
3 蜿ｸ莨�: 貂�豌ｴ鄒取ｨｹ繧€險倬鯨: 螻ｱ譛ｬ谺。驛�
4
5 繝ｻ蜃ｺ蟶ｭ遒ｺ隱�
6 繝ｻ雉�譁呵ｪｬ譏�

図3-2　文字化けの例(Visual Studio Codeで開く文字コードを指定)

●文字コード解釈の誤りから起こる

図3-2で「SJIS」および「UTF-8」というのは、文字情報を2進数に対応づける規則である「文字コード」の呼び名です。

アルファベット24文字と数字、いくつかの記号を扱う「ASCIIコード」以外の文字コードは、組織やコンピュータの機種によって独自に策定されてきました。

　同じ組織の同じ機種同士でデータ交換をしていたときは無難でしたが、インターネットの普及によって多様な組織・機種間でのデータ交換が始まり、文字コードの解釈が異なるための文字化け問題が浮上しました。

■最近はめっきりない文字化け

● ほぼ標準となったUTF-8

　しかし、最近は文字化けに遭遇することはかなり稀になりました。
　その理由が「文字コードUTF-8がほぼ標準となったため」です。
　「UTF」は「Unicode（ユニコード）」という規則の使い方、「8」は「8ビットずつ区切って扱う」を表わします。

●ユニコードとは

　文字化け問題はひらがな・漢字はもちろん、非ASCIIの文字を使う多くの人々の問題です。
　そこで、あらゆる文字をおさめる世界共通の文字コード規則が提案され、今日まで拡張を続けています。この規則がユニコードです。

●まずUTF-32を豪快に把握

　ユニコードにおさめられる文字の数は約114万字となっています。とすると各文字を2進数表記で識別するには、2の20乗（105万弱）よりちょい多い、つまり21ビットが必要となります。

　でも、普通はデータを8ビットずつのバイト単位で扱いますから、1文字を一気に扱うなら24ビットずつ、しかし数値としてもっと馴染みのあるせいか「32ビット」単位で扱うことにしたのがUTF-32です。
　もっとも豪快かつ太っ腹なユニコードの読み書き方式です。

●「16」ではなく「8」になった事情

　しかし、最大20ビットちょいの表現の余ったぶんを0で埋めて、常に32ビットで扱うのはあまりにも無駄です。
　とすると、次に考えられるのは、2バイトずつ扱う「UTF-16」です。

　実際、OSの中で文字を処理する際の「内部表現」はWindowsでもMacでも「UTF-16」になっています。

　これをさらに細かく区切る「UTF-8」は、Web上の表示や送信で標準となった方法です。

　「UTF-8」はもともと1バイト（8ビット）だったASCIIの文字をそのまま1バイトで使う要求から出たもので、英語表記に関しては文字コード対応の必要がなく、通信量を小さくできるからです。

　一方、非ASCII文字はダミーのビットを加えて3バイトで表記します。
　ASCII文字と非ASCII文字（日本語風に言えば全角と半角）1字ずつを合わせたとき、4バイト＝「2字」に数えることができます。

HIRAGANA
LETTER MU

Unicode　U+3080
UTF-8　E3 82 80

図3-3　ひらがなはUTF-8では3バイトで表わされる

　これは英語使用者だけの都合ではありません。日本語の表示や送受信も、多くのASCII文字によって実現しているのです。

とはいえ、OS内部ではUTF-8の入力を受け取ってUTF-16で処理し、また UTF-8に変換して出力する労をとるわけですから、Webの影響力の大きさを 思わされます。

そうです、UTF-16をUTF-8として開けば文字化けします。

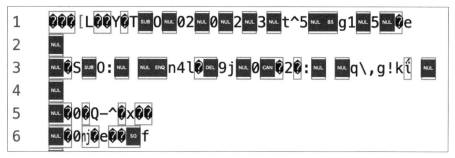

図3-4　UTF-16のテキストをUTF-8で開いた

■ メールもUTF-8？

● 7bitの文字コードISO-2022-JP

インターネットに日本語を送信する必要は、Webページより先にメールに ありました。

早くから確立したメールサーバのシステムでは、データを7ビットごとに処 理します。

そこで、メールで送受信する日本語には7ビットの2進数表記に対応させる 文字コードが今も使われています。これが「ISO-2022-JP」です。

● でもUTF-8を使えと言われる

しかし、「メールの文字化けを防ぐには、UTF-8を使え」とやっぱり言われ ます

。これは、UTF-8の文字をBase64という方法で、英数字だけの並びに変換 してしまうからです。Base64は強力で、文字でも画像などの添付ファイルも 全部変換します。

つかっているメールソフトで、「ソース（または生データ）を表示」というオプ

ションがあったら、適当なメールについて開いてみてください。多くのメールでは、図5のように、UTF-8のコードで書かれたメールをBase64で変換してあります。

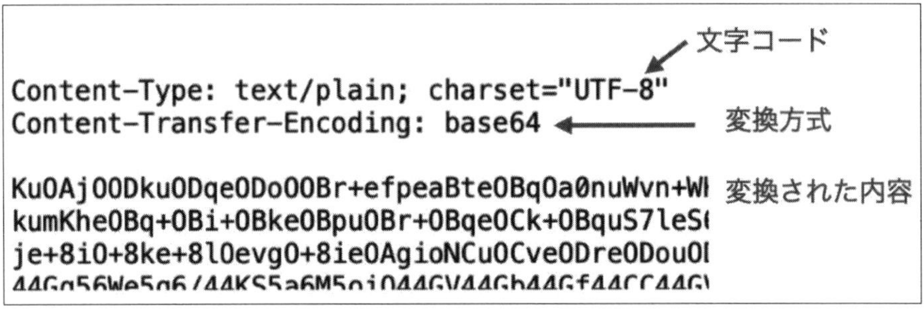

図3-5　メールのソースを見るとわかる

でも、歴史のあるプロバイダを使っている人からのメールだとISO-2022-JPが使われていて感動します。

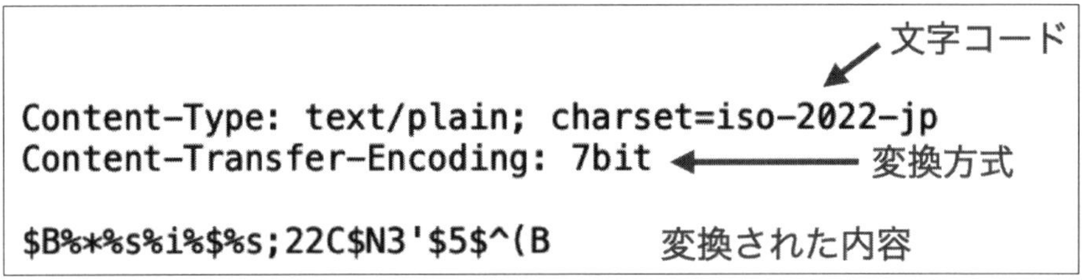

図3-6　ISO-2022-JPもまだ使われている

図3-6の「変換された内容」はこの「ソース表示画面」ではUTF-8で表わされているため「文字化け」ですが、そこはメーラーですのでメールの内容表示は正しく日本語にされています。

1文字に対するコード量はより図3-6のほうがきわめて小さく、メールでも図5のようにUTF-8という標準を維持するために、かなりゴツイ方法がとられているようです。

3-2　スマホの予測変換のナゾ

　入力環境が貧弱なスマホでは特に重要な「予測変換」。でも適切に予測してくれないと悲劇を招きかねません。

　どのような仕組みで予測しているのか、その謎に迫ります。

■予測変換とは

●確定前の予測変換

　厳密な定義はないと思いますが、予測変換にはほぼ3種類あるかと思います。一つは「確定前の変換」です。

　図3-7のように、確定前に、入力した文字で始まる単語を予測します。
「相手」はすでに漢字変換済みの大胆な予測です。

あ　相手　あると　あいちゃん

図3-7　変換前に、その字で始まる語を予測する

●確定後の予測変換

　単語を確定したあと、それに基づいて次にくる単語を予測する変換は、「何の文字で始まるか」の手がかりはなく、「その単語の次に何が来るか」という予測になります。

　図3-8は、図3-7のあとそのままひらがなの「あ」で確定したあとに、次に何がくるかが予測されています。
「降りないと」という単語が筆頭に上がっているのは、筆者がよく電車の中で降車駅到着ギリギリまでメッセージを打っているためです。

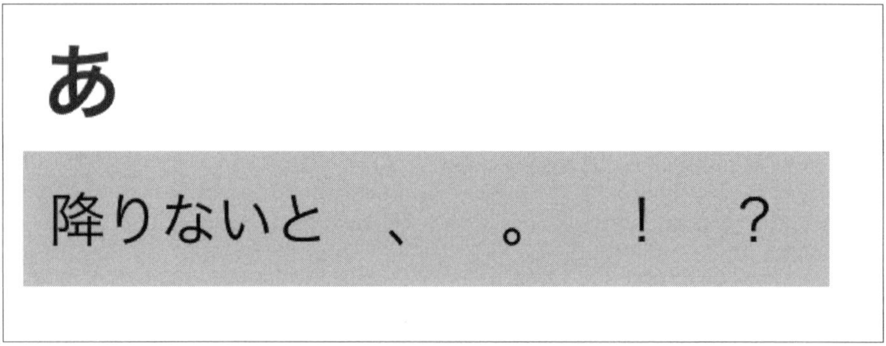

あ

降りないと　、　。　！　？

図3-8　変換後に、その次に来る語を予測する

図3-9　「あ」の次に「降りないと」が表示されるワケ

●Web検索の予測変換

特別なのがWeb検索で検索語を入力するときの予測変換です。

図3-10はGoogle検索の検索後入力欄に「あ」と入力したところですが、「あ」で始まる検索語が一覧表示されます。

色が薄い(紫)上位三件の検索語は著者が最近実際に検索した語ですが、その他は他の人々により検索される回数の多い語です。

これら、身に覚えのないデータが、検索エンジン側のデータベースから提供されていることは明らかです。

図3-10 Web検索の予測変換

■ 予測変換のナゾ

●問題はデバイスアプリ上の予測変換

以上、「Web検索」については、万が一穏やかならぬ予測変換が候補に上がっても「自分のせいではない」と力強く弁明できますが、メッセージアプリや文書作成などのデバイスアプリ上における予測変換の仕組みはどうなっているのでしょう?

●Appleはなんと言っているか

Android OSはなにせGoogleの開発保守下にありますから、Google検索を有効活用しているなというのは見当がつきます。

一方、ナゾが多いのはAppleです。iOSやmacOSの予測変換について、Appleは以下のように説明しています。(https://support.apple.com/)

　iPhoneのキーボードでテキストを入力していると、次の単語の入力候補、現在の単語の代わりに使えそうな絵文字、最近の利用状況とAppからの情報に基づくその他の候補が表示されます（一部の言語では利用できません）。

　なんとも奥歯にモノが挟まった表現です。

■予測変換の仕組みに迫る

●予測変換をリセットする方法

　「予測変換をリセットする方法」については、Webサイトなどでたくさん説明されていますので、そちらをご覧ください。

●リセット前

　筆者は年齢的にも落ち着いておりますので、予測変換にもセンシティヴな内容はないはず…と、恐る恐る、予測変換をリセットする前の自分のiPhone（iOS15.4）で、「あ」から上がってくるすべての予測変換候補を調べてみました。

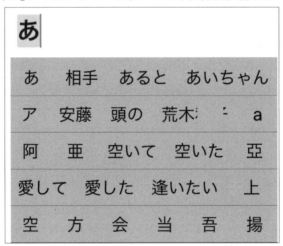

図3-11　筆者が実際に使っているiPhoneの予測変換候補

　フルネームは隠していますが、友人の名前しかない…と思いきや、「愛して」とか「逢いたい」などのロマンチックな単語、わたくしとしたことが家庭争議を呼びそうです。

●リセット後

しかし、リセット後もこれらの単語は上がってきたので、これはわたしの入力履歴ではないことが判明しました。ひと安心です。

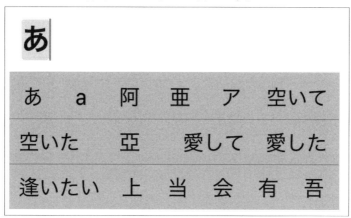

図3-12　リセット後の予測変換候補

■ iOSのバージョンで比較

「あ」に続いて「ひ」と入力すると、「アヒル」の他に「アヒージョ」という単語が上がってきました。なお、リセット直後です。

友人に訊いてみたところ、よく普及しているスペイン料理のようです。

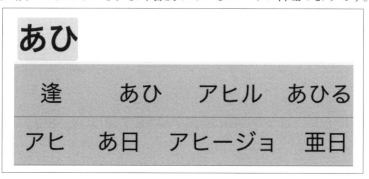

図3-13　アヒージョという予測変換

一方、たまたま所持していたiOS12のiPhone6では、「アヒージョ」は現れませんでした。iOSのバージョンとともに予測変換候補もアップデートされていると考えられます。

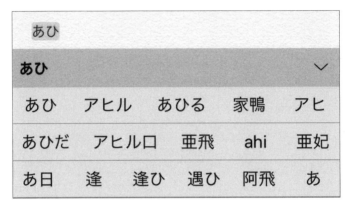

図3-14　iOS12では、「アヒージョ」はなかった

■ヘンテコ変換の原因のヒント

これは、本当にあった怖い話です。

たまたま所持していたiOS12で「あひ」を入力して変換候補表示→未確定のまま消去→入力と変換候補表示…と繰り返していたところ、**図3-15**のような不思議な変換候補が「数回に一回の割合で」出てきました。

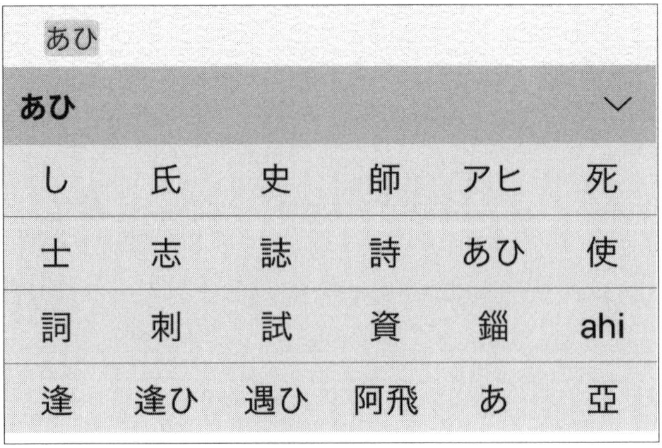

図3-15　「死」って

「あひ」と入力しているのになぜ「し」が変換候補の筆頭に？もしかして呪い…
と、そこで気がつきました。

QWERTYキーボードからのローマ字入力では、「a」と「s」が隣同士です。
この賢すぎるiOSは、ある確率で「ahi」を「shi」の打ち間違いと推測したので
はないでしょうか。

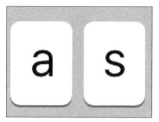

図3-16 「a」と「s」は隣り合わせ

■ 辞書を読み込んでいるが

iOSには「辞書」の設定があります。日本語の辞書は「スーパー大辞林」。辞書
の設定時、この内容がダウンロードされているらしい過程を捉えました。

 Japanese
スーパー大辞林

図3-17 辞書がダウンロードされていた

●でも使われてなさそう

　この辞書が予測変換に関係しているかと思ったのですが、辞書には載っている諺などが簡単に予測変換されないところを見ると、辞書と変換辞書とは関係なさそうです。

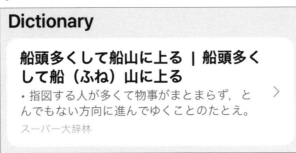

図3-18　内蔵の「スーパー大辞林」には出てくる

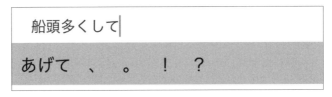

図3-19　予測変換ではわかってくれないようだ

■自分の入力がもっとも影響

　以上、謎の多いiOSの予測変換ですが、主に「システム辞書のアップデート」と「自分の入力履歴」が影響するようです。

　落ち着いて間違いのないように、健全な単語を入力するのが健全な予測変換のコツといえましょう。

3-3 ネット回線速度とは

「ネットが遅い？それなら、あのサイトで速度を確かめてみましょう」....と よく言われていますが、ネット回線速度を測れるサイトでは、ネットの向こう で何をしているのでしょう？

■fast.com

数ヶ月前、我が家のインターネット接続がときどき切れることがあり、ISP(イ ンターネットサービスプロバイダ)のサポートさんにきてもらいました。

「ときどき」なので、「このように切れるんです」というのを示すことができず 面倒でしたが、サポートさんに「ファスト・コムってご存知ですか。あれにつ ないでいただくと速度が分かるんですが」と言われました。

ブラウザで開くと、「あぁ少し遅いですね、何か問題があるのかな」と色々調 べてくれたサポートさんはやがて、「あの、お使いのこのケーブルなんですが...」

図3-20に示すように、ISPさんのモデムと家で使っているWiFiルータをつ ないでいるLANケーブルが古いもので、規格が「CAT5e」だったのです。

結局、古いケーブルの問題は「切断」とは関係なく、別件で解決していただき ましたが、「ネット回線速度はこんなことにも影響を受ける」という教訓ととも に、「fast.com」の浸透ぶりに驚いた、という経験でした。

図3-20　家での管理がズボラでもブラウズは遅くなるというのと、fast.comはよく浸透しているというのを学んだ

　ご存知、映画動画配信サービスの大手NetFlixが運営する「fast.com」。

　「NetFlixにサブスクしてなくても利用できる」「アクセスしただけで測定できる」というのが好評のようですが、筆者としてはどういう仕組みで、どんなデータの送受信が行われているのかも知らないうちにいきなり測定されるのは、やや辟易な気がしました。

　それでも、測定後に「詳細」を表示させると、簡単な説明さらにスタッフブログ上の詳細な説明に導かれます。

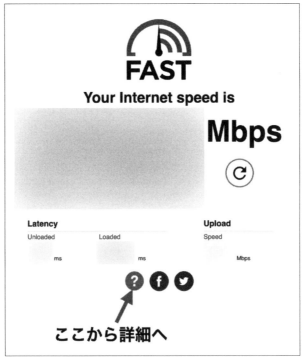

図3-21　一回測定させてから詳細を調べられる
著者のパソコンでの測定結果ですが、「回線速度も個人情報」と考えてボカシをかけています。

●ネトフリの誇るCDNあってこそ

Netflix Technology Blog (https://netflixtechblog.com/) の2016年8月9日付の記事「Building fast.com」によると、速度の測定では自社サーバにテスト専用の25MBの動画ファイルを置き、その中から一部または全部のデータをユーザーのブラウザに送信する所要時間から「回線速度」に関係ない作業時間を経験的に差し引いて速度を算出しているそうです。

この作業、データ量や「エンドポイントURL」で区別される複数のファイル、複数のサーバで数多く行ないます。

ですから、表示される速度には通信理論的・統計的推測が入っていることになります。

なお、「サーバ」は、Netflixが誇る「CDN（コンテンツ・デリバリ・ネットワーク）を利用したものです。

NetFlixのCDNには、アメリカから遠きも近きも全世界に動画を配信するのではなく、国々にもっとも近く、かつ充分に空いているサーバから配信を受けられるように接続先を制御するシステムがあります。

これを利用して、距離や混雑の影響を少なくしています。

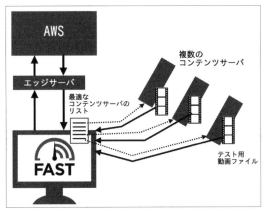

図3-22　fast.comの仕組みの概略

■Googleのスピードテスト

●Googleでスピードテストと検索

　Googleのスピードテストは、そのようなキーワードでGoogle検索を行なうと、最初に出てきます。

　この速度テストに入る前に、テストを提供している「Measurement Lab(Googleも加わっている研究チーム)」のページに移動したり、「詳細」を読むことができます。

図3-23　Googleのスピードテストは、テスト実行前に仕組みを調べられる。

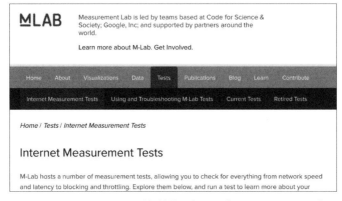

図3-24　Googleも関わっているネット回線測定法研究チーム「Measurement Lab」のホームページ

　図3-24の説明によると、Measurement Labのスピードテストは NDT（Network Diagnostic Tool）というサーバ・クライアントのプロトコルで行なわれます。

　サーバからクライアントにデータをダウンロードさせることはしません。

　「Websocket」で通信経路を作り、自動で生成させた所定の長さのデータをメッセージとして送受信し、所要時間を測定します。

　NDTサーバはGo言語で書かれ、クライアントはJavaScriptやAngularで書けます。これらはGitHubで公開されています（https://github.com/m-lab/ndt-server）。

　この方法でも、ソフトウェアのアルゴリズムなど通信に関係ない要素の排除が常に課題となっています。

■総務省のスピードテストガイドライン

●環境の大きいモバイル機器の通信速度

　どんな計測法でも、オフィスや家庭でのイーサーネットケーブルによる接続では「ばらつき」程度で済むでしょう。しかし、モバイル機器になると、基地局が近いか、電波の遮蔽物があるか、近距離で多くの通信が発生しているかなど、環境の影響を大きく受けます。そのため、NTTドコモ、AU、ソフトバンクなどでは、「総務省が定めたガイドラインに基づき計測した実行速度の計測結果」を公表しています。

・NTT ドコモの「実行速度計測結果」
https://www.docomo.ne.jp/area/effective_speed/

　これは、計測員さんが複数の地域や時間帯で、実機で計測し、結果のばらつきを図3-25のような「箱ひげ図」で表示する方式です。

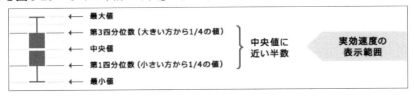

図3-25　ばらつきのある結果を「箱ひげ図」で表示

　「計測ツール」も「総務省が定めたガイドラインに基づく」もので、「各事業者共通」の計測ソフトとあります。これはどんなものでしょうか?

計測ツール	総務省が定めたガイドラインに基づき作成された各事業者共通の計測ソフト

図3-26　「各事業者共通の計測ソフト」って?

●「総務省が定めたガイドライン」とは

　総務省のガイドラインとは「移動系通信事業者が提供するインターネット接続サービスの実効速度計測手法及び利用者への情報提供手法等に関するガイドライン」という名前で、2015年5月にその案が以下のURLにおいてPDFで公開されています。

・「総務省が定めたガイドライン」の内容
https://www.soumu.go.jp/main_content/000358884.pdf

　これによると、計測ツールは「米国FCCが公開する計測ソフト(スマートフォン等の携帯端末用)をベースに総務省が実証時に作成した計測ソフト」だそうです。

・FCC「連邦通信委員会」のホームページ
https://www.fcc.gov/

　このFCCのiOS/Android用ソフトは**図3-27**(iOSの例)のように無償提供されていますが、米国内での使用に限られます。

図3-27　米国FCCで公開している携帯電話用回線速度計測ソフト

ソフトを作成しているのはSamKnowsという英国の企業です。ソースコードはGitHubで公開されています。

■pingの使用

最後に、オンラインゲームなどで使うこともある、「ping」について、軽く説明しましょう。

「ping」は、「ICMP」と呼ばれる通信プロトコルに従った要求-応答のパケットを送受信して、往復の時間などの情報を得るものです。

通信機器やサーバの稼働の監視が目的で「快適に動画やゲームを楽しめるか」に直接関係するわけではありませんが、目安にはなります。

3-4　電子広告の仕組み

　いろいろなWebサイトで無料で読み書きできるのも、広告料の支援によるところが大きいのは誰しも認めるところ。しかし、わたしの好みに合っているのかいないのかこの広告、誰がどうやって選んでいるのでしょうか？広く用いられている仕組みを紹介します。

■広告を表示する仕組み

　電子公告でよくあるのが、**図3-28**に見られるように、開いたWebページのいろいろなところにある小さな窓に表示されるもの。

　極端なときには、すべての窓に同じ広告が表示され、圧迫感を覚えるときもあります。

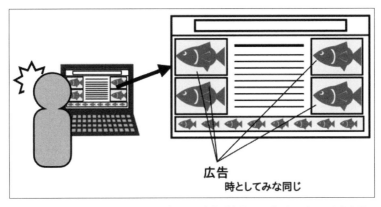

広告
時としてみな同じ

図3-28　Webページ上の窓という窓に同じ広告が表示されビックリすることもある

　閲覧者に表示される広告の状態と、それが与える印象は、**表1**のうちのどれかでしょう。

表3-1　表示される広告は何に関係しているか

見ているWebサイトの内容	関係	無関係	
私自身の好み		関係	無関係
印象	自然	不思議	不快

　たとえば、プログラミングの記事を読んでいるときにノートパソコンの広告が現れるのはごく自然と思えるでしょう。

　一方で、天気予報を見ている時に自分の趣味アイテムの広告が現れたりすると、自分がよく見る他のページを知られているのかと、不思議または不気味に思うかもしれません。

　そして、見ているWebサイトにも自分自身の好みにも関係ない広告がデカデカと表示されるのは、不愉快極まりないですし、広告主も望んではいないことと思います。

■ アドネットワーク

　このようなWeb広告の仕組みを一言で言うと「アドエクスチェンジ」という方式です。

　そこにはまず、「アドネットワーク」の存在があります。

・広告主は、特定のWebサイトに「うちの広告を載せてほしい」と依頼するのではない。

・Webサイト側も自分のサイトに「広告主募集！ご連絡はドコドコまで」というような通知を出すことはない。

　それぞれが同じサービスに加入して、サービス会社の仲立ちを受けます。

　Googleを例にとると、広告主が「Googleディスプレイネットワーク（GDN）」に加入すれば、自社の運営するサイトだけではなく、GoogleAdSenseに登録したWebサイトに広告を振り分けます。

　そのような広告は、図3-29のような表示がなされる枠の中にあるので、分かります。

図3-29　マウスオーバーすると、GoogleやYahooが管理している広告枠だとわかる

■アドエクスチェンジ

　広告を広告枠に振り分ける仕組みが「アドエクスチェンジ」です。

　広告主は、過去のデータでもっとも収益に結びつきそうな広告表示場所に対して、「入札」を行ないます。

　「ページが読み込まれた」などのイベントが発生するたびに入札が行われ、そのページにもっとも高額を提示している広告が読み込まれます。

■ SSP/DSP

　「ページが読み込まれるたびに入札なんて、それで広告の多いあのページは読み込みが遅いのか…」と、思う人もいるかもしれませんが、そういうものではなさそうです。

　一方で、「わたしがこのページを開いたことが、広告主に知られたの？！」というのは、間接的には当たっています。

　それは、「SSP」(広告掲載サイト側) および「DSP」(広告主側) の管理システムによります。

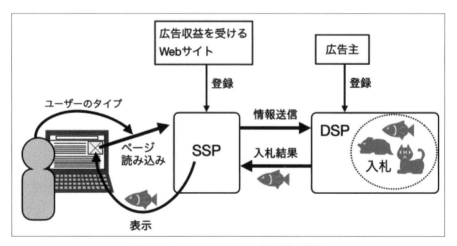

図3-30　SSPとDSPによる表示広告の決定

SSPに登録されたサイトで、「ページが読み込まれる」などのイベントが発生すると、そのイベントに「ユーザーのタイプ」(関心事など)の情報が加わって「DSP」に送られます。

そこで、「DSP」で入札を行ないます。

静的な「広告料の比較」ではなく、イベント発生のたびに価格が動くのは、ユーザー情報など「今、どんな条件・経緯でこのページが読み込まれたか」によって広告主の提示価格も動くからです。

1つの「SSP」が複数の「DSP」から情報を受けるのも普通で、最終的に「SSP」が表示する広告を決定します。

■ 処理は0.1秒以下

上記の処理はユーザーに不快感を与えない(広告主や広告掲載サイトの評判が落ちない)ように、ほぼ0.1秒以下で完了するように技術的な努力がなされています。

ネットワークのトラフィックやページ全体の描画のほうが律速と考えるのがよさそうです。

■ユーザーのタイプを推定するには

●オーディエンスターゲティング

最初に示した表1で、Webサイトの内容と関連のある広告を出す考え方は「コンテキスト(内容)ターゲティング」です。

これに対して、Webサイトの閲覧者のタイプに関連させる場合は「オーディエンス(閲覧者)ターゲティング」で、閲覧者のほうではどちらにしてほしいか意見が分かれるところですが、広告業界のほうでは後者に注力しているようです。

閲覧者の匿名性を保ちながら、「関心事」や、収集の機会があれば「年齢層」「居住地」など、いろいろなタイプに分類します。

●これまではクッキー主流

　これまではオーディエンスのタイプを知るには、もっぱら「クッキー」(Cookie)が利用されてきました。

　「クッキー」とは、閲覧者のブラウザであるWebサイトを開いた時、いろいろなイベントに応じて、そのWebサイトの情報を送信、閲覧者のPC(ブラウザ内)に保存させる仕組みです。

　閲覧者が自分の意志で開いたページの運営者(ファーストパーティー)が送信するクッキーの他に、そのページに載せてある広告の部分から、広告主が送信するクッキーもあります。

　主な利用目的は、広告主が「この人がこのページを見た」と知るためです。

　同じ人が見るページの種類からその人の関心事を推定し、広告効果に結びつける戦略です。

　しかし、閲覧者自身がその広告の表示を選択したわけではないので、「サードパーティー」クッキーと呼ばれます。

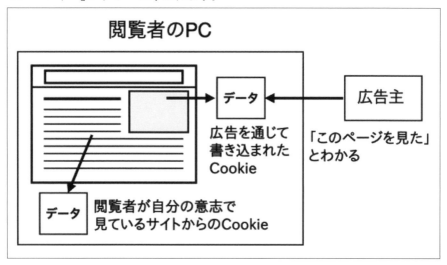

図3-31　ファーストパーティーとサードパーティーのクッキー

■ クッキーレスまたはポストクッキーへ

しかし、「サードパーティークッキー」は、閲覧者の意志に関わりなく表示される広告から送信され、個人の行動が監視されることになるという考えもあります。

最近はEUなどから、Webサイトの利用者が自分の情報にアクセスする許可を明示的に行えるようにという法的要求もあり、**図3-32**のように、Webページ上に「どのクッキーを受け入れるのか」選択を求めるポップアップが表示されることが多いと思います。

たとえば、「必須」のクッキー、「情報収集」「広告」など拒否もできるクッキーなどです。

図3-32 下の「Cookie設定」をクリックして、受け入れるクッキーの種類を選ぶ

● Googleの「Privacy Sandbox」

自らが広告サービスで収益を得ているGoogleは、ブラウザChromeでサードパーティークッキーを近い将来禁止すると宣言しました。

その一方で、広告主にオーディエンスターゲティングを可能にする方針として、「Privacy Sandbox」という一連の技術を提唱しています。

● クッキーレスのオーディエンスターゲティング

「Privacy Sandbox」には「クッキーの利用法」の改善も含まれていますが、クッキーを使わずに効果的な広告掲載を目指す新しい技術の開発が大きな特徴です。

2021年5月くらいには、その主流として進められていた「FLoC」という技術を本誌でも紹介したことがあります。

広告主ではなく、閲覧者が用いているブラウザがページの閲覧履歴から「私のユーザーはID ○○のグループに属する」と判断して広告主に情報を与える、という方法でした。

しかし、Googleは本年1月にこれを終了し、「Topics」という方法に切り替えると発表しました。これはブラウザが「私のユーザーはこういう種類のものをよく見ている」という情報を与えます。

センシティブな情報が流出しないように注意を払うとのことですが、どちらにしても、自分が使っているブラウザは自分のことをどう見ているのか、気になってしまいそうです。

・Googleのオーディエンスターゲティングは「FLoC」から「Topics」へ
https://blog.google/products/chrome/get-know-new-topics-api-privacy-sandbox/

■広告ブロックの仕組み

●サーバから送られるHTMLをチェック

Webページに表示させる広告を「ブロック」する機能を備えたブラウザや、ブラウザの拡張機能があります。

技術的には、Webサーバから送られてくるHTML文をブラウザより先に受け取り、広告枠の記述を除外してブラウザに渡します。

●DNSサーバ兼任も

広告ブロッカーの中には、DNSサーバとフィルタをもち、HTML文を受け取る以前に悪質なWebサイトからのデータ送受信そのものを拒絶したり、暗号化してユーザーのIPアドレスを隠蔽したりするものもあります。

●使用時の問題

広告ブロッカーは「目障りな広告の排除」だけでなく、以下のような問題も解消してくれるという期待で、人気があります。

・広告によるトラッキング
・閲覧を妨害したり、閲覧中のコンテンツの一部を装うような悪質な広告
・広告画像のダウンロードによる通信量や負荷の増大

　しかし、最終的には広告ブロッカーが作成するコンテンツを見ることになるため、その信頼性には注意が必要です。

　以下はキャノンマーケティングジャパン(株)のサイトに掲載された広告ブロッカーに関する記事です。
　一般のWebマガジンにも紹介されており、広告ブロッカーを検討する際の参考になると思います。

・サイバーセキュリティ情報局「広告ブロックツールのセキュリティ的な問題点とは？」
https://eset-info.canon-its.jp/malware_info/special/detail/200213.html

---

3-5　「CAPTCHA」系認証の仕組み

　「人とボットを見分けるためのCAPTCHA（キャプチャ）認証」。最近は面白くなくなってしまいましたが、ちょっと前には知らないうちに文化保存に協力もしていたのです。

■No CAPTCHA reCAPTCHA

●「私を信じるのか」と言いたくなるアレ

　今もときどき、図3-33のようなチェックボックスを見かけることはありませんか？

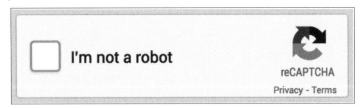

図3-33　「私はロボットではありません」というチェックボックス

　ログイン、フォーム送信、ダウンロードなどで表示されるものです。

　「こんなものにチェック入れるだけで、人間だと信じるのか」と疑いつつチェックを入れると、環境によっては不自然に時間がかかったあと「緑の」チェックが表示されます。

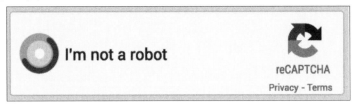

図3-34　ちょっと時間がかかって

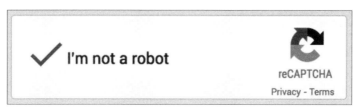

図3-35 緑のチェックが表示される

これは、Googleが開発保守する「reCAPTCHA」というボット排除システムの「バージョン2」です。

●後ろで「何か」やっている

Googleのセキュリティブログ (https://security.googleblog.com/) で、2014年あたりに投稿されている複数の記事によると、これは我々が図3-33のチェックボックスに触る前後の行動を、「Advanced Risk Analysis技術によって」解析し、「人間の動作」であるか「ボットプログラムの動作」であるかを判定するのだそうです。

つまり、図3-34のように時間がかかっている間が判定中で、図1-35の「緑の」チェックは「今のクリック（タップ）動作は正当である」という、向こうがこちらをチェックした結果なのです。

ただし、「何を」評価しているのかは、おそらくボットに模倣されないためかGoogle側では明らかにしていません。

「マウスポインタの動き」であるとか、「フォームへの入力の速さ」であるとか、いろいろ想像はされています。

このチェックシステムは、「No CAPTCHA reCAPTCHA」と呼ばれました。

■reCAPTCHA v3

●「私は人間だ」とすら言わせない

　この後、2018年に発表された「reCAPTCHA v3」では、**図3-33**のようなチェック動作すらさせません。

　Webサイトに加えられた動作をスコアリングして、人かボットかを判定します。

●ある意味「真っ当」

　reCAPTCHAの開発者サイト（https://developers.google.com/recaptcha/）では、簡単な例が示されています。

　たとえば、「SNSでの友達リクエスト」という動作では1回あたりの得点が高く、無差別大量にリクエストを送りつければスコアが異様に高くなり、ボットと判定されます。

　実際にはそれほど単純ではなく、Webサイトの運営者が総合的・詳細な行動分析を行なって、最適なスコアリングを設定することになります。

　「AIとの抱き合わせか」と思わないでもありませんが、ユーザーとしては妙な監視をされることもなく、「倫理的な行動」をとっていれば人間と認めてもらえることになります。

■ なぜ「re」CAPTCHAなのか

●「CAPTCHA」から「reCAPTCHA」へ

ところで、「キャプチャ」と言うのは、「ボットをcapture（捕獲）するんだな」と納得がいきますが、なぜ「re」CAPTCHAなのでしょうか？

＊

実は、昔「CAPTCHA」というプロジェクトがありました。

命名されたのは2003年で、単語のビットマップ画像を読みにくく変形して、「人なら読めるがボットには読めない」とする判別方法です。

＊

その元祖「CAPTCHA」の公式サイトは、最初のページだけ記念碑的に残っていますが、他のサイトへのリンクはほとんど切れています。

・今は無効リンクだらけの「captcha.net」の公式ページ
（安全ではないHTTP様式なので閲覧注意）
http://www.captcha.net/

図3-36 captcha.net

● CAPTCHAを有効利用のreCAPTCHA

　CAPTCHAは多くのサイトで用いられるようになりましたが、ユーザーにとっては、読みにくい文字を読まなければならないという負担も増えました。

　これを憂慮したCAPTCHAの開発者たちは、一歩進んでこのシステムを文化的貢献に用いようと考えました。

　ユーザーには2つの「読みにくい字」を読んでもらいます。

　1つは正解が分かっているので、人かボットかの判定に使います。
　そして、もう1つは、「歴史的書物などをOCR(読み取り機)では読み取り切れないが、人なら読めそう」という文字です。

　これを、図3-37、図3-38の仕組みで認証画面に設置し、「ボット排除」と「文書資産の蓄積」を同時に行ないます。

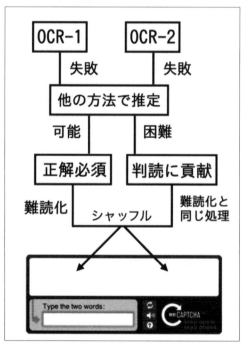

図3-37　元祖reCAPTCHAに文字の画像を配置・応答を処理する仕組み

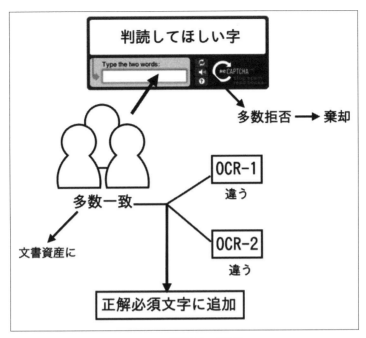

図3-38　難読文字の判定法

　しかし、目的を知ったユーザーの中には、文化貢献の意識をもって積極的に両方の文字の解読に努める人々もいたそうです。

■「reCAPTCHA」の問題点

「reCAPTCHA」の問題点の第一は、「ボットの技術も進歩して、むしろ人間以上に文字を解読できるようになった」ことですが、他にも次のような人間特有の問題がありました。

①その単語（主に英語）を日常で使用しない人には、解読が難しい
②その単語を使用する人は、2語のつながりや思い込みで誤った判定をする

■「reCAPTCHA」を買収したGoogle

「CAPTCHA」が「reCAPTCHA」に置き換わってから、Googleがこの技術を買収しました。

Googleは、文字に替えて動物や風景の画像を用い、問題を楽しみながら画像認識の学習データも増やすという新しい意味での「reCAPTCHA」を行ないました。

つい最近まで、**図3-33〜図3-35**のチェックボックスで「怪しい」と判断された人は、**図3-39**のような画像問題を追加で出されたはずです。

しかし、ボット側の画像認識技術も進歩しますから、問題もどんどん難しくなり、SNSなどで「難しすぎ選手権」のようになったのも記憶に新しいのではないでしょうか。

そのため、最初に紹介したような行動分析に変更され、ある意味面白くなくなってしまいました。

図3-39　「七面鳥」の問題は米国の「感謝祭」に合わせた話題かもしれない（Google セキュリティブログより）

■類似の判別方法

■パズルキャプチャ

　「CAPTCHA」「reCAPTCHA」を名乗る方法と似た「人なら作業してくれるはず」の判別法の1つに「パズル認証」があります。

　図3-40のようにパズルのピースをドラッグドロップで画像に嵌め込むシステムで、この製作で有名なのは米国の「Capy」(https://corp.capy.me) というセキュリティソフトウェアの会社です。

図3-40　米国Capy社へのログインページにはやっぱりパズル認証があった

■ ひらがな認証

日本語サイトに多いのが、**図9**のように、ひらがなをランダムに並べた認証です。

これで有名なのはWordPressのプラグイン「SiteGuard WP Plugin」です。

SiteGuard WP Plugin」
https://www.jp-secure.com/siteguard_wp_plugin/

図3-41　WordPressで作成されたと思われるWebサイトによく見られるひらがな認証

パズルが楽しいとか、画像が可愛いとか、ひらがなの読みが可笑しいとか...人間とボットを見分ける強力な方法は、そんな他愛もない感情かもしれません。

3-6　Windows Updateは何をやっているのか

他のOSもそうではありますが、Windowsといえばアップデート、アップデートといえば再起動の感があります。いったい何をやっているのでしょうか？

■不思議な日本語

●更新プログラムを構成しています

Windowsのアップデートで特徴的なのは、その不思議な日本語です。

とりわけ「終らないアップデート」の哀歌が随所にきこえていたWindows10では、「更新プログラムを構成しています」という不思議な日本語が「何をやっているのか？」という疑問を深めました。

図3-42　「更新プログラムを構成しています」

しかし、マイクロソフトの母国語である英語では、何と言っているのでしょうか？

図3-42と図3-43はそれぞれ日米のマイクロソフト・コミュニティーのフォーラムで「この画面のまま終りません」という質問に添えられていた画面の写真に載っていたメッセージです。

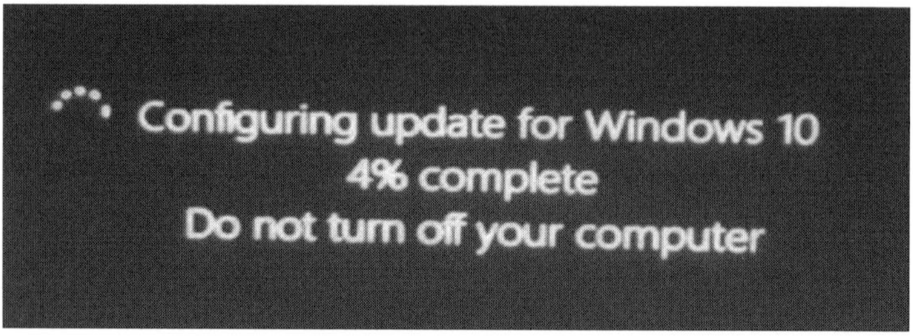

図3-43　"Configuring update"

翻訳してみると、まさに正解のようでした。
「更新プログラムの構成」、これは、「技術用語」の範疇に入るでしょう。

図3-44　Google翻訳でズバリ出た

●Configureが指すもの

不思議な日本語と英語から考えると、「更新プログラム」というソフトウェアがあり、その「configure」がなされていることになります。

「configure」は「構成」ではなく「設定」が適切という声もあるようですが、「con+figure（形に合わせる）」という語源からなるとおり、「設定に合わせて構築する」と意味合いがあります。
ですから、目的に合わせてOSのプログラムが書き込まれたり書き変えられたりしていることは確かです。

■Windows Updateの仕組み

●Microsoftの技術文書から

Windows Updateの仕組みは、Microsoftの技術文書で詳しく書かれています。
日本語の機械翻訳版もありますが、同様に不思議日本語化しているのであまり利用しやすくありません。

・Windows Updateのしくみが説明されているMicrosoftの技術文書
https://learn.microsoft.com/en-us/windows/deployment/update/how-windows-update-works

●大きく分けて4つの過程

それによると、アップデートの過程は大きく4段階に分けられます。

---

①スキャン
（ユーザーのPCからマイクロソフトのアップデートサーバに接続して、更新用データを探すこと）
②ダウンロード
③インストール
④再起動

●Update Orchestrator Service

Windows Updateでは、その名もズバリ「Windows Update エージェント」が、「Update Orchestrator Service(以下オーケストレーター)」という名前のサービスの制御下で作業を進めます。

「オーケストレーター」は最近の「マイクロサービス」を協調させていく機能の名前で知られているように、アップデートの全過程にわたって自動処理のタイミングを設定したり、システムプログラムに問い合わせを行なったり、アップデートの情報を集めたりします。特に、ユーザーの操作やほかのアプリケーションの作業との協調をはかります。

このようにして、**図3-45**のようにあるアップデートデータがダウンロードされているうちは、ほかのデータは作業を保留して、順番に行なわれていきます。

図3-45　オーケストレータによって、Windows Updateが順序良くダウンロード、インストールされる

●サービスを確認してみよう

Windowsには「サービス」一覧を表示させるツールがあります。記憶は定かでありませんが、WindowsNTころからすでにあり、Windows11では、「タスクマネージャ」からいくつかのタブやリンクをたどって辿りつくことができます。

図3-47と図3-48に見られる「Orchestrator Serviceの更新」という、おそらく「Update」だけが翻訳された不思議名のサービスがそれだと推測されます。

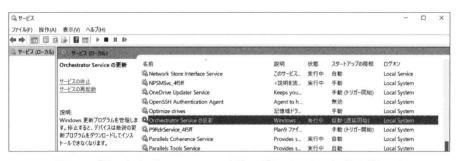

図3-46 「サービス」一覧。Windows10以降では「タスクマネージャ」から辿りつく

図3-47 「Orchestorator Serviceの更新」という不思議名。説明からするとコレだと思われる。

■ スキャン

●必要なアップデートデータを探す

「スキャン」作業では、「windowsupdate.microsoft.com」などのドメインをもつアップデートサーバに問い合わせます。

前回のアップデート履歴と照合し、かつ該当するPCのハードウェアに必要な分のみを検索します。

●データIDで整理して「キュー」を作成

スキャン作業はシステムのリソースを占有しないように、ランダムな間隔で行われますが、データについているIDによって、特定のアップデートデータに関連する作業がなるべくかたまって実行されるように「実行順序」(キュー)を作成します。

■ ダウンロード

●マニフェストファイルを参照

最初にインストールに必要な情報を記した「マニフェストファイル」がダウンロードされます。その内容から、PCやシステムに必要なデータのダウンロードするかを決めます。

●ダウンロード後も検査

アップデートデータは一時フォルダに保存されますが、インストールに適切であるかどうか、Windows Defenderなどがさらに検査します。

■ インストール

●アクションリストの作成

PCのハードウェア情報を収集し、マニフェストファイルと照合しながら、インストールのために、システムのどのプログラムが何のファイルにどういう動作を行なうかという「アクションリスト」を作成します。

●インストールの開始

最後に、インストーラが呼び出されます。

■ 再起動

●アップデートの完成

インストールのあとは、PCを再起動してアップデートを完成します。

Windows10リリース当初は突如強制的に再起動される悲劇がありましたが、最近は「アクティブ時間」内には自動再起動されないようになっています。

この不思議日本語ではどうすれば今再起動しなくてすむのかドキドキしてしまいますが…。

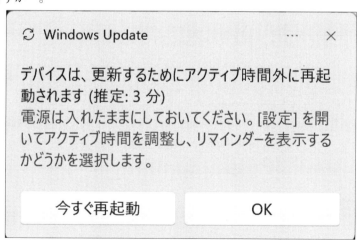

図3-48 「OK」を押せば再起動されない

●なぜ再起動が必要か？

　再起動をしないとアップデートが完成しないのは、ズバリ、動作中のプログラムは書き換えができないからです。

●普通のシャットダウンではダメ

　本誌読者の方の多くはご存知かと思いますが、Windos 8からは「FastBoot」というしくみで、シャットダウン時には前回の起動時にRAMに読み込まれたシステムデータが不揮発性の記憶装置に待避して、次の電源投入時に読み直すことで「起動を速く」するようになっています。

　一方で「再起動」では一旦全てのシステムプロセスが終了させられます。そのため、普通のシャットダウンではアップデートが反映されません。

　そこで、「今日は再起動を待たないで帰りたい」というときのために、「更新してシャットダウン」というシャットダウンオプションがあります。しかし、次に起動したときに残りのアップデート処理が行われるので、次の起動は余裕を持って行うようにします。

■ Windows Update ログ

●ログをテキストに書き出す

　Windows Updateで何をやっているかはログを見れば分かるはずですが、「ETL（イベントトレースログ）」というバイナリ形式で保存されているため、そのままでは読めません。

　Windows PowerShellで「Get-WindowsUpdateLog」をいうコマンドを打つと、デスクトップにWindowsUpdate.logというファイルが作成され、テキストファイルとして開けます。

●ログの構成

　ログファイルには以下のようなメッセージで呼び起こされる作業が記されています。

これを見ているだけでも、何が行なわれているか想像がつくのではないでしょうか。

AGENT：Windows Update エージェント

COMAPI: Windows Update API

DRIVER: デバイスドライバ情報

HANDLER: インストーラの管理

SHUTDOWN: シャットダウン時のインストール

ProtocolTalker クライアント - サーバ同期

DataStore: アップデートデータを一時保存

IdleTimer: サービスの一時停止と再開

```
GetUpdateDeploymentStatusFromDeploymentProvider call for update
997706BE-9C66-47E9-9824-E3FD0FCF4B59.1 from handler returned Commit required = No,
Reboot required = No
2022/12/21 20:39:42.6449550 724   2056 Agent           Update
997706BE-9C66-47E9-9824-E3FD0FCF4B59.1 final deployment status: callbackCode =
Update success, errCode = 0x00000000, unmappedCode = 0x00000000, reboot required =
unspecified, commit required = No, auto commit = capability Unknown, download
required = No
2022/12/21 20:39:42.6503022 4580  1412 ComApi          Serializing CUpdate
997706BE-9C66-47E9-9824-E3FD0FCF4B59.1, Last modified time 2022-12-21T01:04:23Z
2022/12/21 20:39:42.6503762 4580  1412 ComApi          Update serialization
complete. BSTR byte length = 1971
2022/12/21 20:39:48.5642078 724   1508 Agent           *FAILED* [80248014]
GetServiceObject couldn't find service '8B24B027-1DEE-BABB-9A95-3517DFB9C552'.
2022/12/21 20:39:48.5642101 724   1508 Agent           *FAILED* [80248014] Method
failed [CAgentServiceManager::GetServiceObject:1968]
2022/12/21 20:39:53.2830171 2940  6132 Misc            UUS:
Session=wu.core.wuapi, Module=wuapicore.dll, Version=922.1012.111.0, Path=C:
\WINDOWS\uus\AMD64\wuapicore.dll
```

図3-49　ログからいろいろな作業を読み取れる

3-7 最近のWindows標準アプリ

「Windows,Officeなければ...」と言われそうですが、いまどきのWindowsにはどんなアプリが標準でついているのでしょうか。Windows10と11の間にもいろいろあったようです。

■標準アプリは少ない

■ 外部ソフトウェアの器としてのOS

WindowsOSに最初からついている「標準アプリ」は、「メモ帳とペイント」の時代から、Windows11になってもほとんど変化していないように見えます。

ハードウェアを買うだけでパソコンライフを楽しみたいなら、最初から便利なアプリがたくさんついているMacが簡単です。

●Microsoft 365を購入すればよい

もちろん、Microsoft 365のサブスクリプションを購入さえすれば、Officeアプリを連携させていろいろな仕事をこなしていけます。

BTO購入サイトで、「OS」と「Office」オプションをそれぞれつけたりつけなかったりして、価格の差を比べてみると軽くショックかもしれません。

●Visual Studio Codeを入れればよい

プログラミングなら、同じMicrosoftが無償提供している「Visual Studio Code(https://code.visualstudio.com/)」を入手してインストールすれば、(プログラミング言語の実行環境はそれぞれ必要ですが)ファイル管理や編集、実行などを統合して行なえます。

以前は「メモ帳」でプログラミングをする教本もありましたが、この「VSCode」が出てしまったので、もはや「メモ帳」が進化しなければならない理由はなくなってしまったとも言えます。

```
pages.py - メモ帳

ファイル(F)  編集(E)  書式(O)  表示(V)  ヘルプ(H)

from flask import (Flask, render_template, redirect, request, url_for)

flsk = Flask(__name__)

@flsk.route("/")
def index():
    ct = "<h1>目次</h1>"
    ct += "<a href='/chap1'>第一章</a>"
    ct += "<p><a href='/chap2'>第二章</a></p>"
    ct += "<p><a href='/survey'>アンケート</a></p>"
    ct += "<p><a href='/upload_file'>ファイルのアップロード</a></p>"
    return ct

@flsk.route("/chap1")
def chap1():
    titles = [' 一、丸底', '二、平底', ' 三、三角', ' 四、メス']

    ct = "<h1>第一章</h1>"

    for i,v in enumerate(titles):
        ct += f"<p><a href='/chap1/{i+1}'>[v]フラスコ</a></p>"

    return ct

@flsk.route("/chap1/<section>")
def sections(section):
    cts=['全体が丸く、転がりやすいが熱に強い',
    '底だけが平たく、置きやすいが熱に弱い',|
    '底に行くほど広いので反応効率が良い',
    '首の印にメニスカスを合わせて体積を一定にできる。フタ必須']

    ct=" 準備中"

    try:
        section_num = int(section)-1
        if section_num in range(4):
            ct=cts[section_num]
```

28 行、26 列   100%   Windows (CRLF)   UTF-8

図3-50 「メモ帳」でのソースコード編集
できなくもないが無理することもない。

　他にもAdobe Creative Cloudのサブスクリプションさえあれば…とか、お好みで環境を整えていくというのは、「標準アプリが少ない」Windowsの良いところなのかも知れません。それでも、最初からWindowsに入っていて、かつ試用版でもMicrosoftアカウントでのログインが必要でもないアプリも少しあります。

■タスクマネージャー

　CPU、メモリ、I/O、ネットワークの負荷を調べることのできる「タスクマネージャー」は、もしかすると「Windows標準アプリ」の中で、もっともよく使われているかも知れません。

　パソコンの動作が遅いと「どうしたんだッ」と、反射的にタスクバーを右クリックしてしまうのではないでしょうか。

図3-51　タスクバーを右クリックしてタスクマネージャーを起動

　「こんなに無理させてますから」と上の人を説得して新しいパソコンを買ってもらうのにも役立ちます。

　ただし、Windows11からは、リソースを多く使用しているプロセスを色の濃さで表す「ヒートマップ」が「青」の濃淡になりました。

　Windows10以前の「黄色-オレンジ-赤」に比べると、切迫感にやや欠けるところがあります。

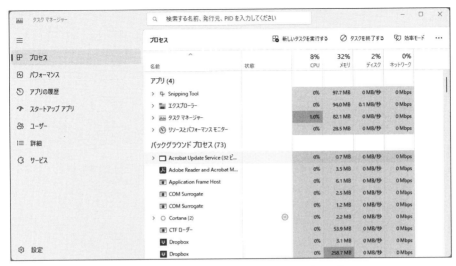

図3-52 「タスクマネージャー」の「プロセス」表示画面
カラーでお見せできないが、青系になって高負荷感に欠ける

「パフォーマンス」画面や、さらに別のアプリである「リソースモニタ」を開い
て、経時変化や使用リソースの種類などを調べることもできます。

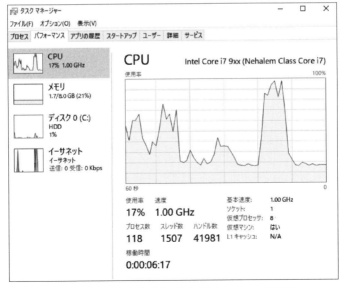

図3-53 経時変化を視覚的に追える「パフォーマンス」画面

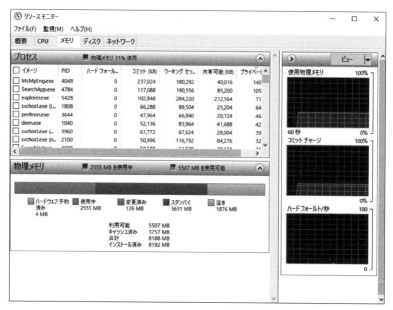

図3-54　「タスクマネージャー」から、さらに「リソースモニター」を開くことができる

●Windows11で明らかになったその人気

　図3-51に挙げたタスクバー右クリックは、Windows11の操作の様子です。Windows11の初期バージョンでは、タスクバーの右クリックからはタスクマネージャーを起動できない仕様になりましたが、2022年10月からまた利用できるようになりました。

　「タスクマネージャー」が「スタートメニュー」と同じくらいWindowsユーザーに愛されていたことを示すエピソードです。

■ペイントソフト

●Windows95以来の歴史的「ペイント」

Windows95からは「ペイント」が搭載されています。

それ以前も「ペイントブラシ」という名で標準搭載されていいましたが、マウスで自由に曲線を引いて絵を描くアプリです。

図3-55　カリグラフィやエアブラシも使って絵が描ける「ペイント」

●あのMacにはない標準アプリ

実は本記事の最初に「便利なソフトがたくさんついている」と述べたMacにはなぜか、このペイントツールだけは今もついていません。不思議です。

■「非推奨」からの回復「ペイント3D」

　長い歴史をもった「ペイント」も、Windows10になって「非推奨」とされ、初登場の「ペイント3D」にとって代わられようとしていました。

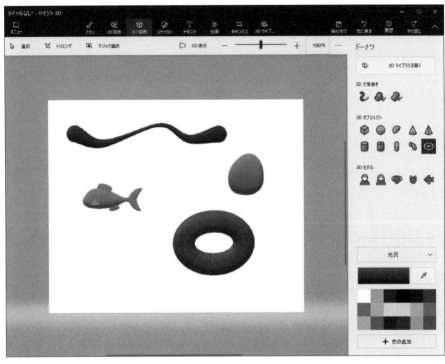

図3-56　Windows10で登場した「ペイント3D」

　図3-56～図3-57のように、「3D感のある陰影」をもつ図形を描いてみることはできますが、描いてどうするの、という気はします。

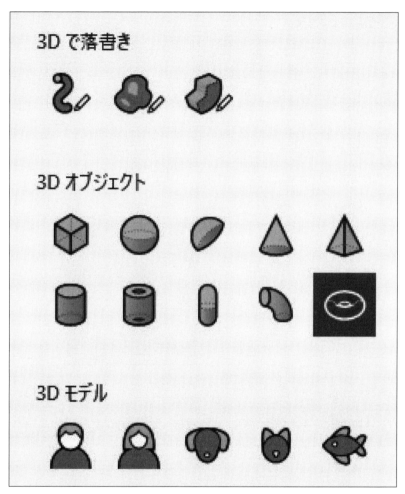

図3-57 いくつかの3D感のある描画方法を提供する「ペイント3D」

●Windows11にはつかなくなった「ペイント3D」

一方で、「ペイント」より動作が重くなっていました。そのためかどうか、Windows11 には「ペイント3D」はつかなくなり、「ストア」からダウンロードするようになりました。そして、標準は再び「ペイント」になりました。

■スクリーンキャプチャ

●「Snipping Tool」と「切り取り＆スケッチ」これも標準アプリの交代劇？

　スクリーンキャプチャアプリは、Q&Aサイトで「こんなふうになっちゃったんですけど」と症状を説明するなど、いろいろなところで役立つアプリです。

　WindowsXPから親しまれていたスクリーンキャプチャアプリ「Snipping Tool」は、Windows10で廃止され「切り取り＆スケッチ」に置き換わる....方向でしたが、Windows11で再び「Snipping Tool」が標準になりました。

　ただ、後者が前者に統合されただけという気もします。

図3-58　右は「切り取り＆スケッチ」左は「Snipping Tool」のアイコン

　なお、「切り取り＆スケッチ」という名前は、「Snipping Tool」とまったく別ものに聞こえますが、英語の原題は「Snip&Sketch」で、よく似ています。

索 引

五十音順

著者一覧（五十音順）

勝田	有一朗
清水	美樹
初野	文章

本書の内容に関するご質問は、
① 返信用の切手を同封した手紙
② 往復はがき
③ FAX (03) 5269-6031
　（返信先のFAX番号を明記してください）
④ E-mail　editors@kohgakusha.co.jp
のいずれかで、工学社編集部あてにお願いします。
なお、電話によるお問い合わせはご遠慮ください。

サポートページは下記にあります。

［工学社サイト］
http://www.kohgakusha.co.jp/

I/O BOOKS

知ってるつもりで実は知らない? パソコン・ネットの秘密

2023年 7 月30日　初版発行　　ⓒ2023

編　集	I/O編集部
発行人	星　正明
発行所	株式会社工学社

〒160-0004　東京都新宿区四谷4-28-20 2F

電話	（03）5269-2041（代）［営業］
	（03）5269-6041（代）［編集］
振替口座	00150-6-22510

※定価はカバーに表示してあります。

印刷：シナノ印刷（株）

ISBN978-4-7775-2263-7